大地清涂

晏礼中 著

法律出版社

序一

心清凉，大地清凉

我很喜欢“大地清凉”这个书的题目。

我在夏威夷住过八年，每到夏天，我便体会到大地清凉。夏威夷到处都是树荫，尽管太阳如火，只须一走入树荫，立时便成为清凉境界。不只人感觉到这种境界，连雀鸟都感觉到，所以在树荫下站立，随时可以听见鸟声。我住的房子，旁边有一大块属于政府的土地，上便长着两株凤凰木，树荫无比之大，旁支伸入我的后园，可以覆盖后园一半，所以当我在后园坐立时，一早一晚，都可以听到十多种鸟声，鸟声在赞美清凉。

渐渐我发觉，令人感觉到清凉并非全因树荫，有很大部份原因是因人的心（也因鸟的心），人在树荫下，自然会抛开一切俗务，这时，心已进入清凉的境界。没有闲情逸致的人决不会依恋树荫终日，一如雀鸟觅食亦必须离开树荫。

《大地清凉》我只读过六篇，认识了六位清凉人，他们的大地清凉亦只因为心清凉。

书中人物，我最喜欢那位西藏活佛，他热心公益，同时知足，所以他生活在一遍清凉的大地。或者会问：热心怎会清凉？提这问题的人，一定不知道甚麼是清凉。清凉的根源只是持着一个自我，自我的范围很窄，而他们的欲望卻很广，于是自我扩张便成热恼，人于是便在这热恼世界中打滚一生。若能忘我，像那位活佛一样，面对四川、甘肃两地藏民爭地，他只吃一点糌粑，便热心地去调解，他从沒想过这会给他带来甚麼名利，因此他实在清凉。这清凉的心，一定不会产生三聚氰氨奶粉、一定不会翻炼地沟油、一定不会用十多种抗生素来养大闸蟹。

这位活佛是一个悲剧人物，年纪不大便死于偶然发生的车祸，人或会为他不值，然而他的一生既然清凉，于他死时亦当无热恼。我们祝愿他自在往生，当他再来人世时，又是一位活佛，依然住在清凉大地，由热心公益而心得清凉。

无为寺的淨空法师也生活在清凉世界。他白手重建无为寺，又传授武功，但亦从不为名为利，如若不然，他大可以向来学武功的外国人收高学费，还可以要求他们回国之后宣传“无为功”，再训练一些儿童到处表演，是必名利双收而毫不费力。然而亦正因为他心地清凉，所以他才能优优悠悠住在无为寺內，种兰花、喝普洱茶。对他来说，种花是禅、喝茶是禅。

如果将西藏巴西活佛跟淨空法师比较，也许淨空法师有学问得多，他可以跟据禅宗公案，一味请来问法的人喝茶，还可以随口便引经据典来说法，不过，这恐怕还是他心中残馀的热。倘如一个公案都不学、一句经典都不记，大地便更加清凉，清凉所荫的大地更广，我不是批评淨空法师，如果是批评，我的心便亦不清凉；淨空法师亦不会将我所说当为批评，因为他已经心地清凉。

书中人物，我还喜欢那位德国姑娘汉娜。她傻头傻脑住在尼泊尔，“她学会了如何让自己处于一种完全宁静和放松的状态，学会了如何将自己和周围的环境隔离，让心意释放如鸟一般飞翔，然后看到自己的过去、现在、未来，如同云般飘过眼前。”这位姑娘已经开始进入清凉大地。她令我想起一位德国姑娘，她曾经在笔者家中住了一段短时期，读汉文经，有时向我问法，我沒有叫她喝茶，只依经论来作诠释。这位姑娘亦从德国来到尼泊尔，住了七八年，然后经印度到西藏，又住了几年，再到北京学汉文汉语，她的道师是名教授王尧，王尧翻译她的名字为梅开梦，现在这位姑娘再不是姑娘了，因为已经成为德国佛学界的名人，而且是名教授。

汉娜应该不是梅开梦，然二人何其相似，我埋怨作者沒有交代汉娜的现况，因为我有兴趣知道，一位西方姑娘如何从东方哲理中找到自己的清凉世界，找到之后又复如何。不须要人人都是佛学教授，当佛学教授也无非是公益，只须将自己的清凉投射给别人，一如巴西活佛、净空法师，那便是大地清凉的开广。

感谢本书作者替我们开展了一些清凉的大地，尤其是于当今的热恼世界中，这片清凉，应能益荫读者。作者的文笔可读性很高，不经意，自然将读者道入书中人物的生活当中。Om mani padme hung。

谈锡永*

加拿大 多伦多

2013 年 7 月 12 日

---

* 谈锡永 法名无畏金刚，三十八岁得阿阇梨位。一九九三年移居加拿大多伦多，创办"北美汉藏佛学研究会"，弘扬宁玛教法。现为中国人民大学国学院客座教授，主持"汉藏佛学研究中心"，致力培训年青学者从事汉藏佛学研究。

序二

莲花开放　大地清凉

一

为晏礼中先生的作品写序，是我甚感荣幸的事。

半年前，在鸡足山木香坪释子茅棚区协助他走访住山苦行僧的行程中，闲谈之余，他说起《大地清凉》一书的发心，将数年来走访各大传承僧人的访谈和见闻结集出版。不期半年后，竟然功德圆满，我从心底随喜赞叹这一殊胜的成就。

《大地清凉》一书的缘起，要远溯到三千多年前，菩提树下佛陀那非同凡响的觉悟。这伟大的一觉，浩瀚宇宙间苦难苍生便有了趋向解脱的明盏。从那以后，佛法僧三宝成为众生福田。作为三宝之一的"僧宝"，出家人清净庄严的身影开始出现在城邑聚落，山林野地，逐渐为我们所熟知、供养和依止。

在浩瀚的佛经里,佛陀曾屡次赞叹出家的功德,甚至专门为此宣说一部经典——《佛说出家功德经》。经中详述出家的功德和阻止出家的过患,因此佛说:“以是因缘,善男子当应出家修持净戒。诸善男子、诸须功德者、求善法者、自受法者,不应留难出家因缘,应勤方便劝作令成。”

从佛陀初转法轮度化的五比丘,到当下《大地清凉》所记述的众位僧人,几千年来,无数人的出家因缘和修行弘化经历,无一不是对佛陀殷殷期许的真切回应。

尤其令人赞叹的一幕却发生在“妙香佛国”大理,著名作家金庸先生笔下描述的大理国国王出家为僧的传奇故事,在大理并不是传奇,而是真实的历史。南诏大理国时期,佛教成为国教,据史载,从南诏大义宁国王杨干贞被赦为僧开始,大理国十位国王先后出家,臣民出家无算。“龙袍换得紫袈裟”,他们将王位视为敝屣,追随佛陀的足迹,出家修行。

也许是佛陀的加持,我和晏礼中先生就在大理结识,在大理国诸王披剃出家的寺院无为寺,拜在住持净空师门下,成了同参。

二

作者走访僧人的过往经历,我大体了解。起初听闻作者的事迹是我在 2009 年拜访无为寺时,听当时在寺里常住的兴悟师说起。当时兴悟师还没有剃度,刚从道门进入佛门,说起晏先生为无为寺住持净空师做了访谈。我很惊讶,本来净空师是拒绝任何采访的，他是如何把这个倔强固执的僧人“忽悠”到他的录音笔前的？我心里满是疑问，和他虽未谋面，就已佩服三分。

净空师没有给兴悟剃度。他回了桂林，之后再次回到大理古城。我当时在古城闲住。兴悟师来大理，没回无为寺，就住在我家。他告诉我说，他已经出家了，在他的家乡桂林的一座寺院剃度，这次回大理，一是看看我，二是回访无为寺。还说晏先生要来给他做访谈，几天后等他飞到大理，介绍我们认识。两天后，我们初次见面，其间并无太多波澜，觉得此人不面生，似乎前世有过缘分。之后我们就去拜访无为寺。几天后，他和刚出家的兴悟师去了广东罗浮山，写出了本书中有关兴悟师的章节。

后来他经常来大理，我们常会茶聚畅谈。一次特殊的机缘，我和大迦叶尊者道场鸡足山结下缘分，开始主导恢复鸡足山木香坪释子茅棚区一事。由于我结识的人和事有些符合他所供职的杂志的刊发要求，便介绍他拜访了苦行僧鸡足山头陀见宽师。

本书所记录的僧人中，无为寺武僧净空师，鸡足山头陀见宽师，亦僧亦道的兴悟师，我都熟悉。尤其值得随喜的是，本书作者晏礼中先生后来只身赴柬埔寨，在南传上座部寺院短期出家，接受僧团教育和训练。归功于这次特别的因缘，加上他访谈的藏传佛教僧人和其他修行者，将南传、汉传和藏传三大传承的僧人故事做了生动的记录，他们以不同的修行方式实践佛陀教法，真实体现了佛陀所开示的八万四千法悉皆成就的广大庄严。

三

在世俗人的眼里，僧人的修行和生活有些神秘，有些人对僧人充满了好奇，也有人对出家人有很大误解，认为僧人是因为感情受挫，或是事业破败，甚至是无法生存而遁入空门，诸多文学故事和影视剧都在反复强调类似的观点。其实这是错误的。不可否认，有少部分出家人是因为类似的因缘而穿上袈裟，这也是特定的因缘。入了佛门后，他们会在不断地修行中体验到佛法的真实含义，从而生起坚定的信仰。更多的出家人是对佛法生起了深信之心，上求佛道，下化众生，延续法脉，追随圣者的脚步。

本书中所访谈的僧人们便是一心实践佛法的生动典范，诸如藏传的巴西活佛，按照藏传佛教的仪轨进行严格认定，系统培养，教证圆通，受到信众顶戴；兴悟师出家前是一家企业的主管；头陀见宽师剃度前同样在世间事业上很有成就。由于他们慧根深厚，一闻佛法便能舍下尘世因缘，荷担起如来家业，这是我们常人难以做到的。

佛门有一句话说得很好：“万缘放下时，众生一肩挑。”更有大德开示：“出家乃大丈夫之事，非帝王将相所能为也。”他们通过细致的体察，透过世人种种生活的表面，看到的却是人们生、老、病、死等这些普遍存在的现象。痛苦和烦恼多于快乐，人们却沉湎其中而不自知，陷入生死轮回，无休无止。

通过作者独特的视角和思考，以及灵动的笔触和文思，本书记录了当下僧人的修行和生活常态，相较于其他僧人传记，多了许多人性化的写作和思索，更能抵达我们的心灵深处，引起共鸣，是值得一读的。

谨为序。

兴如居士

佛历三〇四〇年

南传上座部历二五五七年

公元二〇一三年三月十六日

目　录

是名无为

“我这里无法可求，无法可问，亦无法可说，就只是喝茶。”——释净空

缘起

一天下午,在北京钱粮胡同的一间咖啡馆里,老板娘和我闲聊。

她说,云南大理的苍山深处有座无为寺,住持净空师父是位身怀绝技的武僧,跟他学过功夫的老外有上千人,来自八十多个国家,不过,寺里至今没有电……

“我这个中国人能在那儿学功夫吗?”我有些好奇。

“这跟是哪国人无关,那师父不因为是老外就收,也不因为是中国人就不收,师父看的是缘分。不过,你最好过年时去,即使没有学功夫的因缘,也能尝几个兰花馅的汤圆,师父在寺里种满了兰花……”

“能采访他吗?”我突然想到了这期“禅”的专题。

“他从不接受媒体采访!”老板娘摇着头回答。

无为之地,无为即可

桂花树下,方桌之上,我喝到了无为寺的普洱茶。

摄影师卢恒坐在我旁边,他对面是位姓刘的居士。刘居士戴着眼镜,三十来岁,身体瘦弱,十几天前来到无为寺,因喜欢,便住了下来,巧的是,他们都是广西桂林人。刘居士手法娴熟地泡着茶。我对面胡须飘飘目光如炬的出家人,便是无为寺的住持，净空师父。

“师父，您老家是哪儿的？”

“喝茶。”

“师父，您怎么就来了无为寺？”

“喝茶。”

“师父，有人说无为寺修的是无为法，什么是无为法？”

“喝茶。”

“师父，有个问题困惑了我很久，很多人都在说修佛，可修为成佛，还是在求，请问怎么来理解这个‘修’字？”

“喝茶。”

“师父，我从北京赶来，是想向您求法，除了喝茶，您能说些什么吗？”

“我这里无法可求，无法可问，亦无法可说，就只是喝茶。”

“……”

事实上，这些问题并非接连问的。每次师父说“喝茶”，我就喝茶。刘居士开始冲泡下一壶时，师父就会看着我，笑眯眯的，也不说话。我觉得尴尬。我开始想新的问题，想那些不容易用“喝茶”来回答的问题，我希望师父能说起来，打破这茶桌上的沉默。但是，答案不出所料，如您想象，只有一个，那就是“喝茶”。

一条叫“黑豹”的黑色狼狗躺在大雄宝殿前的院子里晒太阳。四周摆满青色石板拼成的大花盆，里面是一种叫做“含合素”的兰花，淡黄色的花朵正在盛开，连着翠绿的叶子随风摇曳。苍山顶上，晴空万里，爽朗得令人瞠目。

大理三月的春光普照着无为寺，也普照着我这个无可救药的杂志记者。

“师父！”“师父！”“师父！”身后突然传来洪亮而清脆的声音。

回头一看，是三个七八岁大的眉清目秀的男孩，正向师父双手合十行礼。

“哦，哦，是三位小菩萨回来了，阿弥陀佛，阿弥陀佛。”师父笑着双手合十，“小菩萨们过来喝杯茶吗？”

“不了，谢谢师父。”

“今天练功偷懒没有？”

“没有，师父。”

“好吧，休息一下，准备吃饭。”

小孩们走了，六七个老外陆续进来，有男有女，提着刀剑，拿着棍棒，擦着汗。每人都向师父双手合十，喊一声带外国腔的“师父”。师父则回应“阿弥陀佛，辛苦，辛苦”。

“那些小孩长得真是可爱。”喝了无数杯茶，沉默许久之后，我发了句感慨。

“可惜他们父母不爱啊，都是些苦命孩子，有的是父母吸毒死了，有的是父母离婚了，爷爷奶奶也不要了，送上来给我。最大的那个叫苍龙，到今年 6 月，就跟我六年了……走，该吃午饭了。”

“师父，我们想在山上住几天，不知可不可以？”

“有缘喝得无为茶，便有缘住得无为寺，可以。”

“师父，寺里有何规矩？”

“无为之地，无为即可。”

种兰花

斋堂的墙上挂着《般若波罗蜜多心经》和《无为寺全景图》。

师父邀我和卢恒跟他一桌，同桌的还有刘居士和师父那三个“小菩萨”。虽是素斋，却也丰盛。师父的饭吃得有些忙，他不停地给孩子们夹菜，菜夹到谁碗里，谁就会大喊一声：“谢师父！”孩子们也不断给他夹菜，他则不停地说：“阿弥陀佛。”在无为寺，除了“师父”，说得最多的便是“阿弥陀佛”。吃饭前，要集体念一声“阿弥陀佛”；谁先吃完想离开，要起身向每桌说一声“阿弥陀佛”；每桌还在吃的人要放下碗筷，双手合十回一声“阿弥陀佛”。

吃过午饭，在老地方又喝了几杯茶后，师父起身告辞。

“师父，您去哪儿？”问完，我想，这回该不能说“喝茶”了吧。

“去种兰花。”师父说。

“我能帮您种兰花吗？”

“你不用帮我种，我也是帮佛祖种的。”

“那我能跟您一起帮佛祖种吗?”

“呵呵……”师父朝我招了招手。

兰花房是新建的,在大雄宝殿北边的山坡上。几十株兰花赤条条地躺在桌子上,整整齐齐。我们的工作是为兰花换土。“土”跟想象中的不一样,是由叶子、松针、被掐成小块的泡沫塑料和有机肥组成的。在师父的指挥下,我们很快相互配合着帮佛祖的兰花换土。我的工作是先捧一部分“土”到四周留着小孔的花盆里,等师父将兰花放入后,再捧“土”将其填满,最后,我递上一片干了的青苔,师父把它覆盖在上面。

偶尔,我也会把那些躺在桌上的兰花递给师父。兰花可拿下面的根,也能提上面的叶,但不能抓中间。中间有芽,手捏到兰花的芽不好。师父教的。

“最早推崇兰花的是孔子。孔子以‘芝兰生于幽谷,不以无人而不芳;君子修道立德,不为困穷而改节’的精神气质,来颂扬坚定向上的人格。孔子之后,越王勾践在渚山种兰花以明志。屈原流放沅湘后,在那里种了大片兰花,身上佩兰,嘴里咏兰,以兰自喻高洁。再后来的鲁迅、朱德、张学良也精心养兰,张学良评价兰花时说:‘兰花花中君子,其香也淡,其姿也雅,兰的境界幽远。’兰花不但能明志,也能入药,《神农本草经》、《本草拾遗》、《本草纲目》中都有兰的药用记载。兰花的根油炸、熬汤都很好,还有兰花馅的汤圆,只有在无为寺才吃得到,不过,过年才有……”我惊奇地发现,当我彻底放弃提问的冲动后,师父却滔滔不绝地讲起来。

接着，博闻强记的师父又告诉了我无为寺种兰花的渊源。

“明朝的《大理府志》记载，宝姬兰苑，在双鸳溪南，无为寺旁，苑内各种名兰达数千盆，盆盆高雅脱俗，芳香四溢……宝姬便是段宝姬，又名僧奴。她三岁随母闻鸡舞剑，七岁能文，八岁写下‘绿荫丛下吐幽芳，虽非国色得天香。瑶台边上仙家草，移栽人间将相家’的诗句赞美兰花。九岁通琴、棋、书、画。十五岁时，其父段功因功绩显赫，被梁王用孔雀胆毒死。宝姬亲手绣制‘誓报父仇’的旗帜，写下《悼父哀》，立志要为父亲报仇。不久，宝姬自愿嫁给四川建昌(今西昌)的土司阿黎，期望他出兵替父报仇。但阿黎沉湎酒色，无心出兵。明朝统一后，明太祖朱元璋赦免了大理段氏，宝姬闻讯，悲喜交加，携女归宗大理。经历了国破家亡，夫妻离散的打击后，宝姬看破红尘，皈依佛门，在无为寺旁建起‘龙渊庵’，遍种兰花，自号‘兰室居士’，常与高僧大德、文人雅士在兰苑内吟诗作对、琴棋书画、以兰会友，并整理写成了大理历史上第一部描写兰花的著作《南中幽芳录》。”

“师父，您是来了无为寺才开始种兰花呢，还是原来就种?”

“了解到无为寺种兰花的历史后，我才开始种的，不过，我从小就喜欢花花草草。”

“那您刚来的时候，这儿兰花多吗?”

“哪儿还有什么兰花? 我是 1988 年一个人上来的，那时候这儿庙墙早塌了，兰花没有，杂草倒满地都是。”

“无为寺的历史悠久吗?”

“太悠久了。忽必烈率蒙古军攻打大理,先打的就是无为寺。大理国持国三百多年,二十二位段氏君王中,有九位都在这无为寺出家。所以,这里是大理国的皇家寺院,也是培养军事人才的地方。”

“忽必烈带来十万大军,在无为寺就消耗掉二万。攻克大理后,元兵烧了无为寺,明朝时重建,清朝末年,无为寺继续毁于战乱,民国时又重修,‘文化大革命’又被毁掉。在我上山之前,无为寺还做过茶场的宿舍、疯人院、林彪部队的营房。总之,多灾多难。”

“您来的时候,寺里还有什么老东西吗?”

“就剩大雄宝殿前的那口大钟了,那是明朝正统年间的无为寺的住持铸的,听村里人说,‘大跃进’时,也有人想把它敲了拿去大炼钢铁,但没能敲开。”

“您是怎么开始重建起来的?”

“三块石头一口锅,慢慢建呗。刚来时,山下的村民跑来捣乱,说他们是重建无为寺委员会的,只要我给他们买点啤酒和猪头肉,开工资,他们就给我当护法。我说,欢迎各位护法,但我这儿只有豆腐白菜,我吃什么你们吃什么,想开工资你们去跟政府要,我也没工资。后来,他们又不时带些精神病人上来捣乱,一闹就是六七年,就是想要这片地。”

“您当时没想过离开吗?”

“也想过,但我走了是小事,出家之人何处不能安身? 重建无为寺既然轮到我，便是我的责任，我的因缘。”

“那您最后又是怎么让他们不闹的？”

“有一次，十几个人拿着锄头棒棒要冲大雄宝殿，我就运了口气，朝殿外的大钟打了一拳，巨大的钟声把他们镇住了，之后，便再没人敢上来捣乱。”

我们一边种着兰花，一边听着师父讲故事。兰花的香味缥缥缈缈，似有似无，似远似近。卢恒见师父讲得开心，便从包里拿出相机，准备拍照。

师父停下手中的活，对卢恒说：“何须拍？”

卢恒愣了一下说：“拍些照片，也好给这些兰花留些资料。”

师父说：“资料已经留过，无须再拍了。”

停顿了一下，师父突然问卢恒：“‘无明欲望，明心见性’，这些你拍过没有？”

“还没有……”

禅就是心

那天下午，我们至少给八十盆兰花换了“土”，师父的话也渐渐多了起来。

吃过晚饭，念过无数声“阿弥陀佛”后，师父带我们到寺外散步，那只叫“黑豹”的大狗也摇着尾巴跟着。

苍山也叫点苍山，又叫灵鹫山。北起洱源，南至下关，东临洱海，西接漾濞，全长五十多公里。苍山十九峰，峰峰相连，山顶积雪终年不化。每两座山峰间都会夹一条溪谷，共十八条，两峰夹一溪的同时，也两溪夹一峰。无为寺在“兰峰”东麓，它的两溪是双鸳溪和隐仙溪。

走下山门，最醒目的莫过于那株三十多米高的香杉树。冠盖参天的香杉树下有巨大的树洞，黑糊糊的，似被烧过。

“过去老乡在山上放羊，就在树洞里做饭，做完饭，火没灭，便烧成了这副模样，好在还活着。”师父说。

“这树是谁种的？”我问。

“有人说是唐朝中期，南诏王种的，也有人说是忽必烈因愧疚烧掉无为寺而种。本来有五棵，但现在只剩这一棵了。”

“师父，这山上有野果吗？”

“没有野果，只有因果。”

“……”

清风袭来，松涛阵阵。山里的一切，原本与我的性格相符，只要离开城市，我便感到快乐。前段时间，一些无聊的事情让我心情起伏，杂念丛生，而现在花草的芬芳，松林的气息，乘风徐来，我深吸一口气，感到心胸舒畅。下山的台阶是新修的，一些树在台阶中间长着，自然与人工和谐着。

“师父，走在留了树的台阶上感觉真好。”我拍着树说。

“你差点就拍不到它们了。无为寺扩建工程时，搞工程的要把这些树都砍了。我说，你们修台阶就修台阶，砍树干吗？他们说挡着走路了。我说，你们又不是大象，怎么会挡着走路呢？最后，我说，谁种的谁砍，不是我种的，所以我不砍，你们谁种的谁就来砍吧。结果他们就没砍。”

香杉树往下没多远便是练武场。一块可以眺望洱海的平地。

“无为寺的武功算是点苍派的吗？”我问。

“无为寺的武功遇刚则柔，遇柔则刚，没有派别，是一种无相的武功。”

“怎么会有老外来这里学武呢？”

“那是1997年，有三个以色列人，一个英国人，一共四个。他们在大理四处找人学功夫，有人就介绍他们上来找我。开始我不想收，但看他们大老远爬上山来怪不容易，就说，我可以教你们，但你们要答应我一件事，我每天只教半个小时，不能早到，也不能晚到，因为早到晚到都会影响我的生活。一连几个星期，他们都准时上来，我见他们心诚，就让他们住到了寺里。后来，其他老外就慕名而来了。好多老外都说，在梦中见过我，还有个老外一来就给他妈妈打电话，说他找到了人间仙境，让他妈妈叫上他爸爸和弟弟一起来。老外们在这里少则一周多则三年五载，有些人回国还开了武馆。政府劝我办个武术学校，像少林寺一样，把大理的功夫品牌发展起来。我说，那是山下人做的事。我那些洋徒弟百分之九十五都会回来看我，虽然语言不通，但听他们叫声‘师父’，念句‘阿弥陀佛’，这就够了。”

我们在石凳上坐下。山风拂动，云雾升腾，太阳西沉，泛着金光,“黑豹”在旁边的草地上吃草。

“师父,无为寺的狗一直都吃素吗?”

“素与荤,那是人的分别心,对狗来说,无所谓素与荤。”

“美吗?”师父突然指着夕阳问我。

“美。”我说。

“你现在看着它美,可十分钟后,你就看不见它了,你看不见它,它还美吗?

“夕阳美与不美,兰花好与不好,都是相。一切世相唯心造。夕阳从不说自己美,兰花也从不说自己好,都是我们人说的。凡所有相,皆是虚妄。出家人修的便是‘不着相,不动心’。”

“师父,在您心中,禅是什么?”

“禅就是心。离开心,禅不讲其他东西。《血脉论》中说:‘前佛后佛只言其心,心即是佛,佛即是心;心外无佛,佛外无心。若言心外有佛,佛在何处?心外既无佛,何起佛见?递相诳惑,不能了本心,被它无情物摄,无自由。若也不信,自诳无益。佛无过患,众生颠倒,不觉不知自心是佛。若知自心是佛,不应心外觅佛。佛不度佛,将心觅佛不识佛。但是外觅佛者,尽是不识自心是佛。’佛经中关于心的各种比喻也是最多的——心如大风,不可捉摸;心如流水,生灭不住;心如猿猴,攀缘不已;心如电光,刹那生灭;心如野鹿,追逐声色;心如野猪,喜爱杂秽……思量人间的善事,心就是天堂;思量人间的邪恶,心就化为地狱;心生毒害,人就沦为畜生;心生慈悲,处处都是菩萨；心生智慧，无处不是乐土；心生痴愚，处处都是苦海。当然，禅也是大猛药。如果每个人都明心见性了，难道大家都出家吗？”

“那一个修禅的人，到底明心见性出家对，还是点到为止当个俗人对？”

“有人说，知识越多越反动；也有人说，知识是第一生产力，你说谁对谁不对？世间本无对与不对。因缘而对，因缘而不对。现在好多出家人只看破‘红尘’，却没看破‘佛尘’，结果师父收人红包，徒弟就心动。所以，因缘具足时，出家就对，你因缘不具足时，出家就不对。”

我们走到了隐仙溪边上。水已经干了，溪谷中是横七竖八的大理石。当地人站在巨大的大理石上用电钻分解着，见到师父经过，一个戴着毛线帽的男子举起一只戴着手套的手说，师父，我这根手指在采石头时被石头压断了。

师父说，阿弥陀佛，以后要小心啊。

有个公案是这么说的，有个禅师向每个找他问事的人伸出一根手指，小徒弟也学着向别人伸出一根手指，禅师挥刀斩去了小徒弟的那根手指，结果小徒弟顿悟了。毛线帽男子的那根手指让我想起了这个故事。

“师父，我觉得禅宗特别厉害。”

“宗上无教派，教下有分别。《金刚经》里说‘是法平等，无有高下’。何谓‘宗’？‘心’为宗。何谓‘教’？‘意’为教。分别亦非意，万法唯心造。你说释迦牟尼是哪个宗的？”

一切皆空

返回途中，经过山门，师父突然叫我站住。

在“无为寺”的匾额下，师父指着山门两边的对联让我念。

“无我无人无众生者皆以无为法，如露如电如梦幻影应作如是观。”一字一句，我认真地念。

“世人长迷，处处贪著，名之为求。智者悟真，理将俗反，安心无为，形随运转，万有斯空，无所愿乐。功德黑暗常相随逐，三界久居，犹如火宅，有身皆苦，谁得而安？了达此处，故舍诸有，止想无求。经曰：有求皆苦，无求即乐。”

“师父讲得真好！”

“这是《四行观》里说的。”师父淡淡一笑。

穿过山门，站在弥勒殿前，师父又指着两边的对联让我念。

“尘世即刹那在尘离尘总教一尘不染，法轮常转运说法非法毕竟万法皆空。”这句虽然念得有些磕巴，但我却若有所悟。

“心者万法之根本，一切诸法唯心所生；若能了心，则万法俱备；犹如大树，所有枝条及诸花果，皆悉依根。栽树者，存根而始生子；伐树者，去根而必死。若了心修道，则少力而易成；不了心而修，费功而无益。故知一切善恶皆由自心。心外别求，终无是处。这也不是师父我说的，是《破相论》里面的话。

无为寺最想说的话都在这些对联上，但很少有人会认真看它们，想它们。世人眼里，这些对联只不过是殿堂外的装饰。人们总是习惯性地在佛像前磕完头，许完愿，然后走马观花地四处逛逛，拍拍照片，便匆匆离去。稀里糊涂地上山，又稀里糊涂地下山。”

“师父，这无为寺，为何叫无为寺呢？”

“这有两种说法，一是说观音菩萨在这灵鹫山上说法时，留下了四句偈语——有为无为，有岸无岸，身居龙渊，心达彼岸。因而得名。还有一种说法是说，这是皇帝出家的寺院，皇帝在世间做的一切都是有为法，有为法是生灭法，是不能千秋万世的。顺治皇帝在五台山出家时就写过一首偈语，其中有四句是‘朕为大地山河主，忧国忧民事转烦。百年三万六千日，不及僧家半日闲’。有比皇帝更高的境界便是出家，有比有为更高的境界就是无为，所以就叫‘无为寺’。”

“师父，上午问您问题，您为啥只说‘喝茶’呢？”

“茶与禅，一物一心，有相无相，不即不离。空灵喜悦，禅趣昂然。你来问禅，不让你喝茶，不让你自己悟，你不白来了吗？世间人喜欢不停地问别人问题，却很少问自己的心。向别人问出来的东西都是假的，只有自己心里的东西才是真的。送你一句话——但将世事花花看，莫把心田草草耕。”

一日将尽

晚上,我们点着蜡烛在弥勒殿旁边的屋子里看书。老外们则戴着头灯在隔壁下象棋。事实上,随着无为寺一期维修工程的完成,电已经接到了山上,但师父坚持不把电接进来。

政府的人说:“净空师父啊,别人都是求着我们接电,您倒好,主动给您接到庙门口了,您也不牵进去,您不知道电是文明的象征吗?”

师父说:“那是世间人的文明象征。出家之人日出而作,日落而息,天醒我醒,天睡我睡,寻的是自然之法。”

有人给师父送来电视,师父拒绝了,有人给师父送来电脑,师父也拒绝了。在师父眼里,这都是些扰乱人心的东西。

刘师兄坐在我旁边看《金刚经》。熟悉之后,我们彼此称对方师兄。刘师兄在桂林的旅游公司里搞过财务,在广东中山大学里研究过哲学。他曾因为自己的几项关于键盘的专利发明而上过报纸,并在桂林有几处房产,但他现在唯一想做的事情就是出家。

他说,“贪嗔痴”是人的本性,是人类社会万劫不复的根源,所以,他要出家。

外面刮起了风,屋檐下的铃铛阵阵乱响,很好听。

卢恒走进来说他要下山了。

“现在师父还不让拍,我先到其他寺院拍些照片以防万一，你再跟师父熟悉熟悉，搞好关系，过两天我再上来拍。我现在就下山，已经跟师父说过了。”卢恒说。

“你们是记者吧，你是文字，他是摄影，一个拼命想问，一个拼命想拍。”刘师兄用手指着我俩说。

“是啊。本来想写写无为法，谁知道师父不喜欢宣传。我们这不也是弘扬佛法，普度众生吗？”

“众生何须你度？佛祖早在第七天凌晨观心悟道时就说过，‘大地众生皆有如来智慧德相，但因妄想执著而不得证’。后来，佛祖在《金刚经》里也说，‘实无有众生如来度者’，这都是说，众生的一切都是俱足的，用不着谁来度，如果真要找个来度之人，那也是他们自己。早晚课的诵唱本上，也印着‘自性众生自愿度，自性烦恼自愿断，自性法门自愿学，自性佛道自愿成’。一切都是要自愿的。”

“照师兄的说法，一切宗教形式就都没有什么意义了？这无为寺的存在也没什么意义了。”

“宗教形式是接引众生的工具，没有船载客，只能苦海漂，更别说到彼岸了。宗教形式虽只是外相，但其思想内涵才是重要的。如同娶妻过日子，别人看到的只是她的外表和言行举止，至于生活中的酸甜苦辣只有自己心知肚明，不足为外人道。”

“好吧，就算不需要弘扬佛法，普度众生，写点文字，让读者掌握些佛教看世界的方法也是好的。”

“六祖慧能早就说过，‘诸佛妙理，非关文字’，所以，师父的意思是什么都不问，什么都不拍，什么都不写，就是喝茶。寺院是个道场，人要自己来这里悟才行。因为我悟到的是我的，你悟到的是你的。纸上画饼充不了饥，我替你吃饭你也不会饱。你写篇稿子众生就能够开悟的话，世间那么多的谈佛教智慧的文章，众生不早就摆脱贪嗔痴了吗？”

“不问不写，领导要稿子怎么办？”

“你就端起一杯水，喝一口，点着头说，嗯，温度刚刚好。”

“领导会说，去趟人事部吧，离职也刚刚好。”

“那你就来无为寺出家，反正师父喜欢你。”

“到时候师父不收怎么办？”

“那咱们就下山，让洱海边多两个唱《笑傲江湖》的疯子。”

“哈哈，果然是一切世相唯心造……”

院子里，有人在哼唱一首英文歌，歌声在黑暗中透着一丝淡淡的忧伤。刘师兄说，是那个荷兰姑娘。

一日将尽。躺在床上，我耳边响起师父的那句话：但将世事花花看，莫把心田草草耕。

照心镜

凌晨五点，我被惊醒了。那口明代的大钟被猛然敲响。大雄宝殿外，徒弟们双手结印置于腹部，仰头站立，朝着满天的仍在闪耀的繁星诵唱“钟文”。

斋堂早饭。

“你那摄影师朋友怎么还不来?”苍山问。

苍山是师父三个“小菩萨”徒弟中的一个,另两个叫苍龙和苍海。

“他下山了。”我说。

“他凡心动了吗?”苍山瞪着大眼睛问。

“我看是你凡心动了,你凡心不动,怎知他的凡心动了。”我说,用一种无为寺特有的说话方式。

大家一阵笑。

“师父,您跟我回北京转转吧!”我把一颗油炸胡豆夹到师父碗中。

“阿弥陀佛,好啊,好啊,什么时候走?”师父说。

“种完兰花就走。”

“要走现在就走,哪来那么多牵挂?!”

“好,现在就走。”我放下手中的碗筷,做了个起身的姿势。

苍山拉住我的袖子,往下拽了拽,说:“饭都没吃完,去哪里?”

我说:“下山啊,怎么?苍山的凡心也动了,想跟我们一起下山?”

“你的凡心才动了,拉着师父去这儿去那儿的!哼!”八岁的苍山瞪了我一眼。

斋堂出来。

师父说："你胡子长了。"

"照不到镜子，胡子长了也不知道。"我摸了摸有些扎手的脸说。

"心里的镜子照了没有？"师父突然问。

"心里的镜子怎么照？"

"一观身不净，二观受是苦，三观心无常，四观法无我。"说罢，师父哈哈地笑起来。

闻兰品茶

接连几天，我在无为寺练武，给兰花换土，和师父喝茶，和刘师兄散步。

一天上午，师父问我在无为寺过得怎样。我说，真是神仙般的日子。

"那就在这儿出家吧，我马上给你剃度。"

"因缘还不具足呢！"我笑着说。

"世人皆晓神仙好，唯有功名忘不了，曹雪芹早说过了。"

"师父，您什么时候看的《红楼梦》啊？"

师父脸色一沉，说："你怎么知道我看了？要是手边有根大棒，我就给你一下！"说罢，扬长而去。

师父的反应让我有点发懵。

"师父为何如此生气？"我问身边的刘师兄。

"师父并非生气，只是为了不让你生疑情，起颠倒想。我们都执著于自己的聪明里面。你这句问话的潜意识无非是说,师父这个出家人居然也看《红楼梦》。在很多公案里,这就是小和尚被老和尚敲头,老和尚说,‘尽是打闲岔,盘腿去’。”

下午,我还是和师父在桂花树下喝普洱茶。

一个戴眼镜的小伙子走进来,说要学功夫,师父说,这里是修行的地方,学功夫去少林寺吧。小伙子也不说话,独自坐在庭院一角。

我说,师父,叫他过来喝杯茶吧。师父轻声说,何须替别人安排?众生自有众生的心思,自己的安排,有诚心,有恒心的自然会留下来。

小伙子似乎没什么恒心,坐了一会儿,表情郁闷地走了。

“师父,下午咱们接着给兰花换土啊。”我说。

“这几天种兰花辛苦了,今天休息一下。”

“不累,现在种得越多,明年花开得就越多。”

“花开得越多,凋谢得也就越多了,还是喝茶吧。”

灰色的云层从洱海上飘来,遮蔽了头顶的天空,一阵细细的雨随风飘落。躺在大雄宝殿前晒太阳的“黑豹”被淋醒了,它从台阶上爬起,抖了抖身上的雨水,不慌不忙地躲去了客堂的屋檐下。

全无交涉

“别人看我像什么，我就像什么，一切与我无关，全无交涉。”——释寂明

一年前,寂明法师还只是刘振居士。我们在大理无为寺相遇,互称师兄。那时,我们每天一同斋堂吃饭,一同散步苍山,一同帮方丈净空师父种兰花,一同在大雄宝殿前的桂花树下喝茶聊天。他当时想在无为寺出家,可师父说要观察他三年,他等不及,便下了山。

半年后,他给我发来短信,说自己已在家乡桂林的祝圣寺剃度出家,法号寂明。又过了半年,我收到他的短信——"乞食妙香国,销魂清碧溪。观音常相伴,无忌话禅机。晏师兄,愚居大理山水间,做观音塘妙智大和尚的助理,欢迎来品风花雪月。寂明合十。"

大理三月,云浪翻滚,古城的街巷里,三角梅迎风绽放。

寂明法师迎面走来,黄衣加身。

稀饭馒头

寂明带我吃早点。一家卖鸡丝米线的小铺。

"你来碗素的?"我问。

"不用,我在那边吃过稀饭馒头了。"

"那我也稀饭馒头好了。"僧人在旁,鸡丝米线吃着不自在。吃斋的人说,吃什么像什么,我自然也不想成为一只坐在他对面吃米线的公鸡。

"老板,米线不煮了。"我说。

"神经病!"米线店老板突然恶狠狠地骂了一句。

“你才有神经病!”愣了一下,我迅速回击,捍卫尊严。

“走了,师兄。”寂明把我拉开,“全无交涉。”

“什么叫‘全无交涉’?”喝粥时,我问他。

“我们往往心随境转,夸就喜,骂就气,但实际上,一切外界都与我们的心性无关,只是依靠关系而生灭的缘起法,刹那刹那,生灭变化,就像瀑布一样,看上去完整,但并不存在瀑布这个实象,因为每滴水都在刹那间流逝。他骂你,你和他争,恶缘起,但你走开,断了这缘,关系就不存在了。我们每天遇到的一切都是如此,各种缘分都在刹那生灭,因此全无交涉。”

大理的粥黄黄的,加了很多胡椒,味道很怪。旁边是家音像店,不知所言的英文歌从门口的大音箱里传出,高潮的段落,震响了路边汽车的警报器。

早餐过后,寂明带我来到一位居士的家。这位姓林的居士曾是一名喇嘛,因一些“不可说的机缘”,一年前还了俗,现在在帮无为寺编一本叫《灵鹫山》的书。

“我现在住林师兄家,你也可以住这里,也可以上山住无为寺,都很方便。”寂明说。

“你不是在观音塘给妙智大和尚当助理吗? 怎么住在居士家?”

“我离开观音塘了,处理完村子里的事,我就去广东罗浮山修行,在这里暂住几天。”

“村里什么事?”

“说来话长,云南大旱,我广东狮子会的朋友打算给这边捐一车水，我联系净空师父，师父给介绍了一个楚雄很缺水的村子，我把村长和狮子会朋友的电话告诉了他们双方，就去了趟四川。我以为他们会自己联系，但回来发现他们没对接上，那车水运去了贵州。后来，狮子会的朋友不好意思，就说再出些钱帮那村子修个什么水利设施。我就去了趟那村子，村长说可以修条水渠，但要二十万元。我说这数目可能跟人家最初设想的有一定差距，能不能少点？村长说，那他们最初设想的数目是多少？我说，也就三五万吧。村长说，好，那就五万。我让他给个对公账号，人家觉得合适就能打钱过来，村长说没有对公账号。我说，那打到乡政府呢？村长说，那就没了。这时候，警察还来了，让我出示身份证，问我进村的目的。我说，是来做好事帮村里修水渠的，村长就在这里，你可以问。警察说，做好事为什么不跟政府联系？我说，跟村里联系的啊。警察说，村里是村委会，只有乡里才是乡政府。最后，开车带我进村的朱师兄威胁要给他当公安局长的同学打电话，那警察才走。”

“那最后，这钱要打到哪个账号上？”

“我就是想等你来了一起上无为寺，跟师父说说，先打到寺里的账号，再让师父转给他们。”

心意

桂花树下已不能喝茶了。无为茶改在“宝姬兰园”。那是净空师父新修的书房，宽敞明亮，古色古香。师父说，人家在大殿里念佛，我们在外面喝茶，佛祖会骂的。

“不要再丢人了！”寂明提起村里的事，净空师父变了脸色，“其他人不要脸，师父是要脸的！自己有实力就自己干，没实力就别瞎张罗，人家州民政局还给我打电话，问那车水可要来了？电视台样样都约好了，水整哪里去了？说好要来的，怎么又整贵州去了？师父一个出家人，搞得人家觉得师父在打诳语。”

“师父，双方的电话我都互给了，谁知道他们……”

“喝茶，不要再讲这事了……最近学佛有什么心得？”

“这次回大理前，我去了趟西双版纳，接触了一个月的南传上座部佛教。在那里，我体会到了佛陀的教义和教法，觉得那才是佛陀真正的心意。他们的寺院里只有一尊佛，就是释迦牟尼佛，除此之外再没其他佛。他们的早晚课很简单，没有我们这么多法器，也不敲敲打打，做完早课，吃过早餐，我们就打赤脚到村庄里托钵乞食，感受把自己布施给众生的那种‘放下’，那种感觉是非常殊胜的，是真正出家人的生活，不用华丽的言辞，就是跟着佛陀的步伐去走，心里自然就能解脱。接触了南传佛教后，就觉得我们哪够资格说自己是出家人。”

“那么多高僧大德都没托过钵，就不是大修行吗？都没资格当出家人？你这讲的什么话？敲敲打打怎么了？那都是高僧大德们创建的方便法门，是用来接引众生的。”

“但接引到‘西方极乐世界’也不是究竟处啊，‘黄金铺地’难道不是‘着相’吗？离此相而到彼相，又有什么分别呢？敲敲打打佛陀时代有吗？没有的。都是我们延续相法时代而形成的知见……”

“你赶快喝茶，不要说了，你赶快喝茶……你要做什么是你自己的事情，与我净空一点关系都没有，你成佛，我还希望你来度度我，是不是？自己的事情就自己去整吧，再多说就一点味道都没有了。小家伙啊，你好自为之吧……哎……广西有什么好吃的？”

“沙田柚、金橘、马蹄，还有炒柚子皮……”寂明低着头说。

“好吃吗？西瓜皮倒是可以，柚子皮也能整啊……”净空师父虽然试图缓和气氛，但这突然转化的话题反而加深了尴尬。

整个上午，苍海师弟都在围着书房跑步。十岁的他昨晚又尿了床，在试图将床单藏起来时，被其他师兄弟发现，报告给了师父。

我分辨不出师父和寂明对话中的对与错，就如同我分辨不出杯中普洱茶的生熟。我只是嗑着瓜子，在心中默念——全无交涉，全无交涉。

寂明跪在山门外给净空师父磕了个头。

“师父，我出去转转，过阵子再上山来看您。”他说。

看破

“既然南传佛教这么好，师兄为什么又要离开？”下山时，我问寂明。

“的确，南传佛教非常好。如果不了解他们的法门，我也许终生修行，都是一叶障目。神秀那首著名的偈，‘身是菩提树，心如明镜台，时时勤拂拭，莫使惹尘埃’，就是南传佛教的核心，这首偈写得非常好，并不是世人所说的神秀没见性。神秀修行的法门就是持戒，南传最看重持戒，他们用持戒多少年来衡量一个出家人的修行次第。而持戒的目的是断缘，缘不起，因不生，就不会有果，自然而然，个人的生死便能了脱。南传佛教并不承认汉传佛教那一套，如果我想长期留在那里，就必须按照南传上座部的规矩重新剃度，五年后受沙弥戒，十年后受比丘戒，然后才能出来。所以说，南传佛教是一个解决之道，如果要解决个人烦恼了生死，在那里是绝对没问题的。但这又有另一个问题，这样的道路对现实社会有什么作用呢？”

“虽然我出家了，但人生仍然有很多问题，把问题都搞清楚，才能真正放下。我在前进的道路上，虽然也跟师父们学了不少东西，但大多数时候，我都是自己看书，自己思考，自己悟。我从不指望跟定哪个师父，也不会把自己固定在什么地方。我一切随缘。之所以离开西双版纳，也是因为我不想在还没把问题搞清楚之前，就通过断缘来放下。”

“可为什么又选择回大理呢?”

“大理曾经是佛教传播的十字路口,汉传、藏传、南传都曾在这里交会,这地方一半是历史,一半是传说,传说中有历史,历史中有传说,水乳交融,但现在隔绝得很厉害。所以,我就想,南传上座部佛教既然这么殊胜,如果能找到一种合适的方法,将其引回大理,让大小乘佛法的理念得以沟通,也该是一件很好的功德。之所以去观音塘给妙智大和尚当助理,也是因为观音塘是大理佛教协会的所在地,妙智大和尚是佛教协会的副会长,我想,如果能通过他建一座南传寺院,每天有几十上百人穿着佛陀当年的袈裟,打着赤脚走到大理古城的人群之中托钵乞食,请问佛法还需要讲吗?”

“托钵乞食跟庙里吃斋有什么区别,不都是受供养吗?”

“庙里的斋饭是想吃什么,喜欢什么口味都可以躲在庙里自己搞,而托钵乞食则是身体力行走出来,表面上是众生施舍,但实际上是出家人把自己的法身施舍给众生,让众生看到出家人的无我、无为、清净和放下。”

“出家人自己的修行,为什么要众生看?”

“我们人类社会发展的基础是什么?就是佛陀反复强调要反对的、劝我们出离的‘贪、嗔、痴’三毒。我们现在的社会人心只讲求发展,一味地藐视大自然,即使神灵以地震、暴雪、干旱、洪灾示警,仍然自我膨胀。”

“具有讽刺意义的是,我们不少汉传佛教的出家人虽然看破了红尘,却没有看破佛尘,也就是说,佛教界有佛教界的

‘贪、嗔、痴’，我们常因智慧不够而被外在形式的东西所蒙蔽。比如说，我们现在的寺庙、佛像修得越来越漂亮，起个庙就上亿，里面供的都是玉佛、金佛，有这必要吗？这是佛陀的本意吗？当然不是。佛陀当年穿的是扫粪衣，崇尚的是简朴，真正的出家人除了智慧和慈悲，应该是一无所有的，但我们现在很多大和尚都在利用宗教形式来占有社会资源，很多人出了家都想当住持，当了住持就有车开，能住方丈楼，想去哪儿去哪儿，十方供养的钱爱怎么花就怎么花，这都是现实啊。托钵乞食就是要众生看到人生的道路不只有一个方向，希望众生能克制自己的欲望，熄灭‘三毒’之火。”

“那观音塘支持在大理建南传寺院吗？”

“他们说我这是在‘打妄想’，让我以后别提了。我想，因缘不具足时，不提也罢。但我出家后，一直想做佛教的革命派，于是，我跟妙智大和尚说了我另一个构想，做个‘妙香佛国’的旅行社，在带领游客参观寺院的过程中，让游客知道佛陀当年开了怎样的悟，希望众生得怎样的智慧和解脱，而不是像现在的导游那样只会引导游客去烧高香，求菩萨保佑。大和尚一开始对我这个构想还挺有兴趣，但他问了几个居士，人家劝他不要搞，他就又说我是打妄想。我和云南的缘分差不多了，所以，随缘而来也就随缘而去，晏师兄，你要有时间，可以跟我去广东转转，看看那边的人是怎么对我的。”

究竟

我们从昆明到广州的火车票上印的是“无座”。

“无座”，也无站的地方，车厢过道挤满了人。一开始，会让人产生“春运”的幻觉，但很快就能发现两者的区别，没人嬉笑打闹，没人喝酒打牌，只有一张张沉默而忧愁的脸和一个个低着睡觉的头。大旱，庄稼绝收，在家等死，不如外出打工。

火车离开昆明半小时后，我们补到了列车员休息室的卧铺票。虽然仍在云南旱区，但我们已经远离了那些背井离乡的面庞。

我们站在车厢的连接处聊天。车窗外，阳光明媚，随处可见枯死的青山。为保住残留的水分，云南大地盖满了防蒸发的塑料薄膜，一块一块，阳光下，像是镜子的碎片。寂明开始向我讲述自己，除了偶尔来个抽烟的，大多数时间无人打扰。

> 我父亲是生物老师，他是在讲台上去世的。那年，我才六岁，对人的死没有概念，也不知道什么叫“爱别离”。在殡仪馆里，周围的人都在哭，而我还在跟我的双胞胎姐姐打闹。我妈哭着说：“你们别闹了，你们的父亲都死了，看，你们父亲就躺在那里边，再也不回来了。”我突然开始想，死了是什么意思？原来天天看得到父亲，现在看不到了，他去哪儿了？

从那时起，我睡觉时经常进入一种半清醒、半做梦的状态，我感觉我能飞出自己的身体，到隔壁看妈妈在做什么，姐姐在做什么……

十岁时，我外婆去世了。外婆家原来有三层楼，三百多平方米，因为是资本家，解放后，房产被充了公，只给了她一间十几平方米的小屋。外婆是个慈祥的老人，她常跟我说，万物有灵。所以，我见到漂亮的石头都会拜一拜，总觉得那里面有神。外婆走得很庄严。当我母亲又在殡仪馆里流眼泪时，我已经如如不动了。我对我妈说："妈，别哭了，来了就来了，人走了就走了，一场梦而已。"我妈用奇异的眼神看着我，她不明白，我才十岁为什么会讲那样的话，她一直认为是别人教我说的。其实，我当时真是这么想的。

小学时，我不合群，不爱跟同学玩，喜欢一个人游山玩水，我们桂林山水甲天下，我喜欢上山看石刻。我觉得古人能在石头上刻下的字，该是很重要的。有次学校组织到象鼻山春游，回来老师让写作文，其他同学都写山如何像大象，而我写的是在象鼻山看到的范成大和陆游的石刻，透过石刻知道了象鼻山的历史，明白了一些人生道理。

我喜欢文学诗词，讨厌数理化。高一时，因为失恋，同学送了我一本《少年维特的烦恼》，读了那书，我的兴趣从文学转到了哲学。我开始看各种哲学书，从《资本论》到《道德经》，虽然很多书我也不太看得懂，但总能在鸿篇巨著中找到一两句对自己有用的话。高中三年，我杂书看得多，功课学得少，高考没考上就出来工作了。

我的第一份工作是在喜来登酒店做酒吧调酒员，那是当时桂林最好的五星级酒店。几柜子花花绿绿的洋酒，除了“路易十三”我没尝过，其他酒我都尝过，因为直到我走，那瓶酒都一直没开。来酒吧喝酒的顾客大多是老外，有酗酒的，有独自喝酒看书的，有喜欢跟人聊天的。我就想，人和人之间的区别到底是什么？是出生的地域，成长的家庭环境还是各自的工作经历？最后，我发现人和人之间并无本质的不同，区别只是在于遇到的缘分不一样。

工作以后，我就不看书了，主要以玩为主，上班调洋酒，下班再和同事出去喝啤酒。每天跟同事们虽然玩得也高兴，但我总觉得跟他们不是一路的。虽然每月能给我妈几百块钱也很开心，但我总在想，我人生的道路难道就是调酒员升领班，领班升主管，主管升经理了吗？工作了两年后，我决定重新高考。

一开始，我想报考桂林旅游专科学校，因为我喜欢游山玩水，但我最后上的是桂林电视广播大学，学的是财务。这是我妈的决定。我妈说，那学校有干部指标，毕业能进税务局，成为国家干部。我爸走得早，所以，什么都得听她的。我妈没想到的是，毕业后，我没进成税务局，也没当成国家干部，因为家里没关系。

我去了海南海口，给桂林的一家客车公司当商务代表，卖桂林产的大客车。卖了一个月后，有一天，我在街上遇到一个从南宁来的广西老乡。闲聊时，她问我，你想追求完美的人生吗？我说，想啊。她说，那你就加入我们的“完美事业”吧。很快，我掌握了“完美事业”的方法。我发现，我说服别人追求“完美人生”的能力，要比我说服别人买车的能力强。一个月，我能在街上发展几十个人。男女老少，只要跟我一聊，便会被我“发展”。但没过多久，“完美事业”被取缔了，国家说传销是违法的。

“完美事业”受了挫折后，我就回了桂林，在桂林漓江旅游开发总公司搞旅游策划。那公司的好处就是能经常游山玩水参加各种旅游会议，每到一个地方，我最爱去的就是寺庙。我进寺庙不磕头也不烧香，就只是看看寺庙的历史文化，有什么好的结缘的经书就带走。寺院总能给我一种亲切感，我开始觉得出家人的生活是人生最高的境界。著名的寺庙，游客都特别多。一开始，我觉得烦，觉得他们挡了我的道，挡了我的景，但后来，我渐渐发现其实人生就像看电影一样，电影里的人再多，跟我又有什么关系呢？

我交过一些女朋友，但时间都不长。我总是对姑娘们说，我以后是出家的命，她们没耐性了，就会离开我。之前，我一直不敢去四川，因为人们都说四川美女多，我担心自己经不住诱惑，乱了心性。但这次回大理之前，我去了趟四川，见到川中美女来来往往，我觉得自己挺好笑，这关我什么事呢？这样的花花世界都诱惑不了我，还怕什么呢？于是，我随手写了一首诗——少年不入川，中年望江叹，早知无交涉，何妨美人关？

2004 年到 2005 年，我主要在忙我的专利。那是个突发奇想的发明。一天晚上，我躺在床上跟女朋友发短信，突然间，我想为什么键盘要一个一个的按，为什么不能按一个键就能打出像“ch”“sh”“ing”“ong”这样的常用组合？我开始研究输入方法和键盘字母排序，对上百种中外键盘进行了一千八百多次的研究、实验、比较。一年后，我觉得设计成熟了，便申请了专利。我的“双字母组合联键式键盘及其操作法”后来代表广西展团，到深圳参加了第八届中国国际高新技术成果交易会。专家对我发明的评价是“第一次创立和彻底揭示键盘英文输入最科学、最合理、最便捷的字母排序方法，这项中国自主知识产权的核心技术将引发 IT 产业新的革命”。

尽管我的发明能提高三到十倍的打字速度，但也没有引起什么 IT 产业的革命。我在广东找了一些厂家，想自己创业，但厂家说，技术上没问题，如果你愿意出十万块钱，我们可以帮你开发，但别指望我们买你的专利开发出来打市场，因为社会接受的往往是习惯，而不是创新。我打电话回家，问家里能不能支持我冒这个创新的险。家里说我正式工作不要，到处乱跑，尽做无聊的事情。家里不帮，我也没钱，这发明也就搁置了。我不想回桂林，就去广州的职业介绍所找工作，很多工作在我看来都是无聊的，但台湾陈安之搞“成功学”的公司吸引了我。那公司是搞培训课程的，教人们如何获得成功。我有“完美事业”留下的激情底子，就去了。但搞了一阵后，我发现成功学就像人参一样，能让人提神兴奋，但人参不能当饭吃。从 2006 年开始，我就不时到珠海的金台寺去住，因为我当时想跟大和尚做生意，卖我的手表。那是我的另一个发明，把佛教的十二因缘和十二时辰放在表盘上，这是我看过一本叫做《精神的宇宙》的书后，受到的启发。大和尚觉得这创意有意思，但怎么做？适不适合做？他说还要慎重考虑一下。我在金台寺住了大半年，寺院里要宣传什么，我就帮忙写，但表的事大和尚一直都没再提。

住在寺里，就会有很多空闲的时间想事情，于是，我就写了篇名为《从哥德巴赫猜想到霍金猜想》的文章，有两万多字，这是我写得最长的一篇文章。我发给一个中山大学哲学系的教授看，希望他能指导一下。他看过后，问我是否愿意来哲学系工作，因为他们刚开了个针对企业家的EMBA班，要请高僧大德来讲课，需要一些懂宗教的年轻人来准备讲课资料。我很高兴地说我愿意去。这些年来，无论做什么事，心中最念念不忘的理想就是搞哲学。我被安排给一位姓苏的道长当助理，他是中大请的客座教授。据说，他的师父吴云青活到一百六十岁，才羽化飞仙，至今肉身不坏，保存在河南宁宝寺。我们这次去广东罗浮山就是去找他。

我和苏道长谈了很多佛道知识。他对很多东西的理解都很究竟，他所体现的道教甚至比佛教更有包容性，更加顺其自然，更接近灵魂。他说我理论知识丰富，但缺乏实修，他说自己正在编一套道家内丹养生的书，建议我进罗浮山跟他编书，这样不但能了解道教知识，用经典在自性上内熏，还能感受住山的快乐，进行道法自然的实修。于是，我就辞了职，跟苏道长去了罗浮山。

我在山上跟苏道长待了一年，最后是被我姐强行拉走的。我姐在广州华南师范大学，我姐夫是华师大环保研究所的副所长，他们来罗浮山取土回去做实验。山上条件差，我姐见了非常不满意，无论如何也不让我留在这里。我姐说，你非要出家就去当和尚，跟个释永信这样的，不要当道士，你看这苏道长，面黄肌瘦的，还教别人养生，你想将来成为他这个样子吗？

从罗浮山下来，我想干脆不折腾了，出家算了。本想去韶关的云门寺出家，我是在那里拜的佛缘老和尚受的居士戒，但遇到了2008年的大雪封山，冷得要命。一个居士说，你先跟我去深圳，出家的事过完年再说。我便跟那居士去了深圳。在深圳，那居士带我去见了一个会画符水的道长。道长姓甘，我们聊了些道法和佛法，感觉很投缘。甘道长给我们表演了他的特异功能：一发功，打得你手上发出火花电光；用餐厅里的木筷子顶住喉咙，一拍，筷子断成十几节；用意念在他自己手上写个“刺”字，你的手就会感到痛。看了甘道长的表演，我虽半信半疑，但也知道他是有功力的人。在道家来说，确实是有神秘的东西，也没法用科学的实证主义去解释。这个道理和《水知道答案》是一样的。甘道长说自己缺个助手，问我愿不愿意跟他到处去玩，我没啥事干，就跟他去了长沙。到了长沙，我才知道他是东麓宫的住持，还是长沙道教协会的副会长。甘道长给人家画符水看病是明码标价的，但他不直接说，所以需要我这个助手来当中间人。很快，我成了他的徒弟，他给了我一身道袍。我想跟他学画符水，但他说，你修佛都到什么程度了，还用跟我学这种小法术？

没事的时候，甘道长也跟我闲聊佛、道、禅，但赚起钱来，他就一套一套的，干净利落，人都没法设防。他说到了年底给我两三万，因为我也挺辛苦。

有一天，我坐一个居士的车去给甘道长办事，那居士说上楼拿点东西，马上下来，就把车停在门口，也没熄火。这时，有车要过，按喇叭让我挪车。我会开手动挡，心想自动挡应该很容易，结果，没搞清楚油门和刹车，车撞进了旁边的烟酒店里。最后，甘道长替我赔了三万块钱。出了这事后，我就想，为什么我一开车，一秒钟就撞掉三万块呢？本来年底拿了万把块钱，我还想去四川、云南云游一下，结果上天让我出了这事。我觉得这是我帮他画符水的报应，是佛祖对我的警告。所以，就去了云南大理，本想在无为寺出家的，但师父似乎不太想收我，这你都知道，因为咱们就是在无为寺遇到的。

从无为寺下来后，我去了趟丽江，到藏传佛教密宗的文峰寺转了转，就回了桂林老家。我在家里住着不自在，心里总想着出家，就去了祝圣寺。那寺庙离我家很近，走路也就十多分钟，方丈叫自空师父，在那十几年了。我跟自空师父说，我不想工作也不想结婚,就想出家过清净生活。他让我把八字报给他,我报给他后,他说行,你适合出家。其实,几年前就有人给我算命,说我即使有婚姻也走不到头。我的八字,报给和尚,和尚说适合当和尚,报给道士,道士说适合当道士。所以,我早就知道自己是出家命,只是在哪里出家的问题。师父问我会什么?我说,电脑、文字都可以。师父说,我这里有电脑,网站搞好了,你就先住下来吧,帮寺院搞搞宣传。

我曾是桂林小有名气的旅游专家,加上我那两个专利发明,也算是风云人物。所以,当一些居士朋友听说我想在桂林出家,就劝我多考虑一下。他们说"道不还乡",说如果我非要在家乡出家,也该找个大道场才能学到东西,像祝圣寺这种小道场只有做事的份。我想,这有什么关系,既然要出家,在哪里出不行?

我在祝圣寺住了不到十天,师父就给我剃度了。我是在 2009 年 6 月 25 日剃度的,也不是什么特殊日子,前一天,师父只是淡淡地说了句,明天有时间,就给你剃度。

想出家想了这么多年,我脑海中出现过无数次剃度的情景。庄严、隆重、神圣,我就像那些信仰爱情的人看重结婚仪式一样看重我的剃度仪式。当时,祝圣寺的大殿要重修,我希望能在重修前,在大殿剃度，本来还想叫些居士朋友过来做个见证，但师父没说定第二天能不能剃，也就不好通知。而那天晚上，我想得最多的是师父会给我起个什么法名。第二天，师父也忙，快中午的时候，师父把我叫进大殿旁的库房，那里是存放多余佛像的地方，还堆着些杂物。师父让我先去洗个头，然后我跪在蒲团上，旁边放了盆温水，师父给佛祖上了三炷香，讲了些皈依佛、皈依法、皈依僧的话后告诉我，你法名乾赐，字寂明，乾赐是寺院里师兄们叫的，寂明是外面人叫的。这两个名字，我都很喜欢，我师父法号自空，佛教上就是证悟到自性本空，所以，我脑袋里当时就冒出来四句偈——自性本空，乾坤恩赐，寂灭为乐，历利孤明。我觉得这也许是一种安排。师父一边用那种刮胡子的双面刀片给我刮头，一边给我洗，剃完了头，师父又让我在佛像前拜了三拜，说，成了。没有人见证我的剃度仪式，寺里的师兄们都在外面忙，亲朋好友也没人过来，这跟我事先脑海中所有的设想都不一样。最后，师父让我把头发扫走，自己找个地方埋起来，别让人踩到，我找了个塑料袋，把头发装好，藏到了山后的山洞里。回来后，师父给了我一套旧的袈裟，那是还俗的师兄留下的。师父说，从今天起，你就是一个出家学佛的小沙弥了，一两年后，师父给你开张号条到大道场受戒，拿到戒牒，你就能成为一个比丘，到别的寺院传法收徒了。这就是铁打的寺院流水的僧。

家里人知道我出家是因为我哥来寺里找我有事，谈完事后，他转头出去就给我妈打电话，说，妈，你过来看看你小儿子在干嘛。我妈还以为我在寺里犯了什么事，就赶紧跑过来，见到我的样子，我妈就在寺院门口的小河边上又哭又闹要跳河。有师兄去汇报师父，师父把我妈请进客堂里，跟我妈说，你儿子又不是做什么坏事，没必要这么难过，他长大了，有自己的选择，就像有人爱吃肉，有人爱吃青菜一样。你总不至于因为你的观念强迫你儿子过他不愿意过的生活吧。

我妈说，我儿子还没结婚呢。师父说，结婚干嘛，还不都是烦恼和苦恼？你儿子为什么要在桂林出家？不就是为了照顾你吗？你要想来看他，随时都可以来。

出家以后，我每天干活念经。有时候，我觉得自己很孤独，因为找不到可以对话的人。自空师父是慈悲的，但他的慈悲也让我对寺院有了想法。有一天，一个出家人来找师父，说想出去受戒，但所在的道场小，开不了号条，所以想请师父给他开张号条，证明他在我们祝圣寺出家了几年。师父慈悲为怀就同意了。我问师父这不是打诳语吗？师父说，这是开的方便法门。师父让那人填表，那人说自己小学没毕业，不识字。师父问他，那你早晚功课熟不熟？那人说，我小学都没毕业，字都看不懂，没弄过早晚功课。师父说，那你去受戒，这些功课都是要求背出来的，你怎么办？那人说，对啊，那我怎么办？师父说，你就说你是念佛的，功课不太行。后来，师父让我帮他填了表。我心里想，难道我们出家人就是这么去受戒的吗？随随便便就能开号条，受完戒回来什么都不会就能讲经说法收徒弟做方丈？

有句话叫“和尚念经，有口无心”，我们每天读这经那经，重要的不是把经上的文字念出来，而是把文字后的道理融入自己的思想里，把自己变成一部经。这样才能弘法利生、转经为智。我想搞清楚佛陀到底每天让我们念什么，就去跟自空师父说，我想去南传上座部了解一下佛陀的原始教义。师父说，你读了那么多经书，南传佛法你难道还不清楚？我说，我虽然出家了，可我还是找不到佛法的究竟本意是什么，所以想去弄清楚。师父说，我有什么对你不好的地方吗？你难道就非要离开？我说，师父对我很好，但如果不弄清楚出家的意义，我就会和大多数出家人一样，也许有福德，但是没有功德，只有弄明白了，一切才能自然而然地放下。师父最后说，你要走就走吧，就当我没你这个徒弟。

之后我去西双版纳、重回大理的情况也都跟你说过了。我这一路走来，表面上充满了曲折，但把中国宗教的各种情况都搞清楚了。有人说我心乱如麻才东跑西跑，但我不跑的话，就会耽误自己的前程，出家人的前程不是说要在寺院里求什么发展，寺院有没有发展关出家人什么事？大不了就是吃得好一点，住得好一点。我如果贪图享受，很多有钱的大寺院都可以去，但我真正想的是在这个末法时代找到佛法的究竟处。

有人说我是个可怜的“骑墙派”，说我心随境转，内心混乱而脆弱，说我虽然现在穿着袈裟，但不出半年就会脱。对我来说，僧袍、道袍都一样，无论何种出家形式，重要的是有一种究竟的宗教情怀。修行者多如牛毛，得道者凤毛麟角。很多修行人一辈子在“相”上打转都出不来。我跟过太多的大和尚，很多都是表面一套，背后一套，表面一套说给人听，说什么有所求皆是魔，无所求皆是佛，劝人要“放下”，但背后一套只有他们自己知道。越是修行多年的大和尚放不下的东西就越多。

我现在是个四不像。不像佛不像道不像居士也不像凡夫，别人看我像什么，我就像什么，一切与我无关，全无交涉。

寂明说得越多，我便越纠结。他会说，我要在罗浮山穿着僧袍跟苏道长潜心修行三年，也会说，我回家又如何？脱了这袈裟又如何？“外相”而已。

我努力让自己相信他所说的每句话，尽管它们时常矛盾。这是个脱下道袍就能穿僧袍的师兄，他时而让人感到超凡，时而又让人感到并未脱俗。

在信仰的道路上，他尽管不曾虔诚地停在某处，但也从不停下追寻的步伐。信仰的因缘变幻无穷，如同那天，在云南还是百年大旱，而到了广东，却已暴雨成灾。

画僧本有

“我讨厌那些自恋的和尚，我宁愿自己只是一个穿着僧衣认真画佛教故事的傻瓜。”——释本有

画苏曼殊

整个上午，释本有都在房间里皱着眉，踱着步。他画到了“刺杀宋教仁”的章节。谁刺杀了宋教仁？哪些利益集团纠葛其中？他想用电影蒙太奇的手法表现宋教仁死后的状态，各种构图开始在他脑海里不断闪现。

他决定把苏曼殊的背影安排在画面的最前方。苏才是他这本佛教历史人物漫画《苏曼殊》的主人公。

电扇在身后嗡嗡地吹着，他喜欢自然风，不喜欢空调。他把之前完成的画稿摊在床上，凝视着它们。一幅画便是一个分镜头，各有起承转合，像部无声的电影。

很早以前，他便想过画民国时期的历史漫画。出家后，他觉得如果能以出家人为主线，把那段历史的各种人物串起来将会更适合自己现在的身份。最早知道苏曼殊是在一本香港杂志上。尽管那篇关于苏的文章写得一般，但这位民国僧人的独特经历还是深深地吸引了他。事实上，苏既不是他的偶像，也没对他产生过什么影响。

他画苏只是因为苏是那个时代某种青年的典型。虽然才情万丈，却控制不了自己的命运，爱情坎坷，革命失败，出家不成功，最后还早死。

他画苏还因为苏跟他有很多相似之处。都讲粤语，都在日本留过学，都喜欢在东南亚的南传佛教国家游历，都写小说，都画画，在出家人里都被视为异类。

星湖

窗户上的宣纸被风吹得哗哗直响。原来挂的是窗帘，他嫌花哨，就换了两张宣纸夹上去。工作台是两张破木桌拼成的，房东说帮他刷遍油漆，他说不用了，铺块白布就行。工作台上堆满了漫画书、画稿和盛颜料的小瓷碟。他的两台电脑都是“苹果”的，手机也是。有人说他小资，追赶潮流，他只是觉得好笑，当十多年前，大家用的台式电脑还是486的时候，他在日本学插画时的美术学校就已经用“苹果”了。他用的“苹果”都很便宜，他知道在广州什么地方能淘到便宜的二手货。

电脑边摆的并不是佛像，而是一个塑料阿童木。他喜欢收藏玩具，每次收到稿费，他便会买一个来鼓励自己。他从小就喜欢那些五颜六色的机器人。在香港，他有一个很大的玩具箱，母亲常叫他把玩具捐出去，可他舍不得，他说还要带它们去洗温泉，看它们在热气腾腾的水面上跟自己一同漂浮。他在阿童木身上发现过漫画的秘密，那就是与那些有棱有角的东西相比，人们更容易接受圆形的东西。

现在租的这房又大又空，他曾想过把放在香港的画稿运过来。但转念一想，却也放弃了。虽然那些绘本还不是什么名画，但他觉得还是很有价值。放在不同的地方，万一发生火灾也免得全都毁于一旦。他感到有些渴，但发现水没了。厨房窗台上摆满了空的矿泉水瓶。他不太敢喝内地的自来水。

窗户外云层在聚集，太阳在天空中郁郁寡欢地呆滞着，发出苍白的光。他是三个月前从云南大理搬到广东肇庆的。找到这套房时，他很高兴，不但房租便宜，还能以六楼的高度眺望不远处的星湖。

而现在，星湖看不到了。搬进来没多久，他这栋楼和星湖之间便有开发商开始筑新楼，裹着绿色防护网的新楼修得很快，像春天的竹笋一样，不到三个月，星湖消失在他的视野里。

他披上袈裟，把僧裤扎到僧袜里绑好，穿上僧鞋，背上香袋。他决定下楼买水，顺便在那家叫“雅苑”的小饭馆吃午饭。楼道里还残留着香的味道，那是邻居们给自家门前土地神的供奉。

他走出电子仪表厂宿舍的大院。三个月了，他已经习惯了人们的眼光，人们也习惯了他的身影。刚开始，当地人以为他是那种化缘骗钱的假和尚，人们不明白为什么一个出家人不住在寺院里，而要一个人租住在居民楼里。

搬来肇庆是个偶然的决定。他在谷歌地图上发现这座城市竟然是群山环抱的一个巨大的湖。湖堤有二十多公里长，湖周围有七座山峰，列如北斗，所以山叫“七星岩”，湖叫“星湖”。星湖的有些湖面是让人游泳的，不像大理洱海，只能看不能游。网上称这里兼得“西湖之水，阳朔之山”，是“北回归线上的一颗绿宝石”。

肇庆据说还是粤语的发源地，出产的端砚与宣纸、湖笔、徽墨合称“文房四宝”。尽管如此，这里的游客跟大理比起来还是少得可怜。除了一些做生意的四川人，基本上都是本地的广东老乡，生活舒适而不张扬，文艺青年们也不来。

母亲

杨柳、凤凰木在中午的阳光中耷拉着。湖堤的路是防腐木铺的，有的钉子已经脱落，踩上去咯吱作响。

波光在湖面上闪烁，湖边的人家正团聚着享用午饭。他突然有点想念独自住在香港的母亲。搬来肇庆后，他还没让母亲过来看过他。母亲七十多了，爬六楼不太方便。姨母舅父们曾劝母亲搬回广州住，说人老了，有个照应也好放心。但母亲固执，老太太觉得能开奥运会的内地生产不出一罐令人安心的奶粉，害得大家还要过罗湖桥去香港买，这样的医疗她不放心，所以情愿独自住在香港。

他是母亲带大的。父亲在他九岁时离开家后，便再没回来。在他的记忆中，父亲去过很多地方，似乎什么都做过，也给他买过一些玩具。自从父亲离开后，音信全无，母亲也很少提起，他只记得母亲说过，父亲因为是孤儿，可能被人发展当了间谍。至于给哪边当间谍，她也不知道。

母亲待人接物热情而温柔，很懂得做小生意养活家庭。年轻时，母亲在广州唱戏，是个美人。不但精通音韵，爱读台湾言情小说，拳脚上也有功夫。母亲是在1962年来的香港，那时候，粤剧名伶红线女去担泥了，母亲觉得形势不对，便翻山越岭，坐汽车搭火车，最后从罗湖游泳来了香港。

他是母亲到了香港后生的，小时候，母亲常带他上茶楼，给他讲自己年轻时坐着红船去唱戏的故事，但他最喜欢听的还是母亲当初逃来香港时，如何在怀有身孕的情况下施展拳脚打倒了拦截她的公安。在他心中，母亲是位英雄。母亲认识梁小龙，曾带他过去拜过师，但他似乎对功夫的兴趣不大，所以最终也没学成。

他所有的精力都放在看漫画书上。上课、下课、吃饭、睡觉，每时每刻他都捧着漫画看，他家那时住大屿山，从家到学校的巴士就算以超过一百迈的速度在山路上疾驰，也不会影响他看漫画。所以，当后来别人惊诧于他在飞驰的长途车上还能边听音乐边画画时，他总是笑着告诉别人——“惯着了”。

母亲给的零用钱，他从来舍不得花，都存起来去买漫画书。只要是漫画他都爱看，香港的漫画看多了，他就去卖日货的百货公司买日本漫画书来看，日文看不懂，他就看图。日本的漫画看多了，他就自己拿着回乡证回广州，去北京路上的书店买内地的“连环画”看。为了不被人拐跑，他穿上中山装，戴上工人帽，把自己打扮得像个成年人。那时，他才十二岁。

稍大一点，他爱上了看电影。他觉得那些漫画配上对白，加上音乐便是电影，那些他崇敬的漫画家都是“纸上导演”。

他经常逃课去电影院看电影,他喜欢那些法国、意大利的欧洲电影,有些片子重复看上四五遍他也不会感到厌倦。他喜欢那种哀愁的调调。

从小到大,他转过无数学校。在每个学校,他的成绩都很差,加上性格叛逆,一直是难讨老师喜欢的问题少年。母亲起早贪黑地做小生意养家,没工夫管他。而他的哥哥则对这个沉迷于漫画和电影中的弟弟也充满了失望,以至于,有一天,哥哥对他说:你怎么还不去自杀呢?

他开始给香港的漫画杂志投稿。最初,他的画稿经常被退回来,但他逼迫自己画下去。周末的时候,大家出去郊游,他则一个人坐在家里构思那些奇怪的故事,不停地画。

他的画稿终于出现在漫画杂志上,还换回了稿费。同学问他:“怎样才能成为一名漫画家?”他的回答是“就是画。”他记得一个日本漫画家曾经说过,画画就像经历一样,如果一个人不去经历什么,就不会了解自己的人生,同样的道理,一个人不去画画的话,就不知道自己能够画出什么。

留学日本

高中毕业,他用自己画画存下的钱去了日本,在东京艺术学校学插画。然而,让他失望的是,到了学校他才发现,老师教的东西他早都会了,而且,不但会,还靠它挣够了来这里的学费。

除了打工维持生活之外,他也开始感受日本文化。神保町是他去得最多的地方。那是日本最大的书店街。一百多家新旧书店鳞次栉比,书摊甚至摆到了人行道上。每次看完书,他就到日本的寺院里待一阵子。他喜欢那些唐代风格的建筑。特殊意境的枯山水、干净简单的榻榻米,他对佛教萌生了最初的好感。

日本寺院是家庭式的,僧人可娶妻生子,爷传父,父传子,代代相传,像家族生意一样。他曾经遇到一个日本老和尚,老和尚独身,对中国人有好感。老和尚对他说,跟我出家吧,以后我的寺院就是你的。那是他第一次心生出家的念头,但这念头很快就打消了。他当时还没去过老和尚的寺院,只知道在偏远的乡下。他想,即便出家也该在自己的土地上,一个中国人留在日本农村当了和尚,听着只是个漫画故事。

在日本待了几年后,他回到了香港。刚回来时,他稀里糊涂地进过一家日本人开的模具厂,在那里当监工,负责监督香港工人把没倒好的模子重新倒过。那份工作至今想起来他都觉得诧异。他甚至觉得日本老板之所以请他,是因为他会日语,能陪自己喝酒。

灯红酒绿的生活他也是曾经向往过的。但当他赚到钱,或者说不需要自己花钱便能灯红酒绿时,他却发现那种生活其实并不怎么有趣。他发现日本老板沉迷其中只是为了释放压力,麻痹自己。而对他来说,他既不知道模子怎样才算倒得好,也不知道如何协调日本老板和香港同胞之间的关系。他只知道帮香港同胞，日本老板会不高兴，帮日本老板，香港同胞会用奇异的眼光看自己。没过多久，他便结束了这段莫名其妙的工作。后来，他开始在一些报纸杂志上发表推理小说。稿子写得并不开心，跟编辑们的合作也总是不欢而散。他们对他的评价是“另类而不成熟”。

他对香港似乎也没什么感情。尽管在这个让很多人羡慕的繁华都市里出生和长大，但他总觉得自己不属于这里，从小到大。他了解他自己，太了解了。在过往的追寻中，一切都是混乱的，他跟大多数的人都搞不好关系。

一切有情

在沃尔玛超市买完水，他便来到这家叫“雅苑”的小饭馆。他是这里的熟客，不用点，老板就会给他端来白粥和泡菜。老板知道他不是那种骗钱化缘的假和尚。

老板称赞他一个人在外还吃斋真不容易。他告诉老板，吃斋的问题不是要戒荤。为戒而戒没有意义，也戒不了。他不吃荤主要是因为他觉得，凡是肉都有毒，比如，肉在外面放几天会长蛆，而素菜不会。喝完粥，他又点了一杯冻咖啡。他从不泡茶，对所谓的“禅茶一味”也没什么兴趣。他只喜欢喝冻咖啡，不加糖，不加奶，只加点冰。喝咖啡时，看着街边过往的人，他又想到了苏曼殊。

苏家原是广东富商，其父常年在日本经商。他母亲是日本人，在生下苏曼殊三个月后便离开了。小时候，苏曼殊生了场大病，养母以为那病传染，便把他扔在柴房，任其自生自灭。没曾想，奄奄一息的苏曼殊奇迹般地活了下来。童年的遭遇，让苏曼殊很早便看破红尘，跑去广州长寿寺出了家。出家时，苏曼殊还是个孩子，不久，因为偷吃鸽子肉被发现，这个十二岁的小沙弥被赶出了庙门。

后来，苏曼殊跟表兄去了日本横滨求学。在日本，苏曼殊满怀激情地参加过"兴中会"、"光复会"、"抗俄义勇队"等革命组织，醉心于宣传无政府主义的救国思想，甚至还打算亲自去刺杀保守保皇党领袖康有为。

苏曼殊精通好几国语言，翻译过《拜伦诗选》和雨果的《悲惨世界》，写过一些以悲剧结尾的爱情小说。苏曼殊的画当时也颇有些名气，章太炎等人在东京办《民报》时经费困难，苏曼殊也曾为其卖画筹钱。

在日本，苏曼殊跟一位叫菊子的日本姑娘一见钟情。然而，双方家庭都觉得他们的恋情败坏了自家名声。菊子的父母当众痛打了自家女儿，这让菊子当天夜里投了海。失恋的痛苦、爱人的命运再次让苏曼殊万念俱灰。他随即返国，出家广州蒲涧寺。

苏曼殊的一生是动荡而短暂的。1918 年，三十五岁的他因肠胃病死在上海，葬身西泠桥，与江南名妓苏小小的墓南北相望。死前留下八个字——"一切有情，都无挂碍"。

远离喧嚣

跟苏曼殊出家的原因相比，释本有出家得并没那么凄凉。是一个梦将他拽进的佛门。从日本回香港工作几年后，他总梦到自己被困在闹市中的马路上，被很多大巴车夹着。他似乎在赶往回家的路上，但又不确定家的方向。他看到远处山上有个老和尚在向他招手，想过去，但身体被轰鸣的大巴车夹着，似乎想把他夹死。这就是梦里的一切。他常在黎明前的黑暗里醒来，浑身是汗。

他把这个梦告诉了一个朋友，说自己渴望远离喧嚣的人群。那朋友说，如果你愿意到内地出家，自己倒认识一个寺院的住持。朋友给他看了那住持的照片，一个面相庄严而慈悲的老和尚。他要来电话打了过去。在用蹩脚的普通话表达完自己的意愿后，电话那边的老和尚说，我们这里条件差，不嫌弃就来吧。

时值冬日，薄暮，天上飘着雨夹雪。这是他第一次到山西。寺院在省会太原郊县的农村，叫真如寺。去真如寺的路，崎岖难行。雨水冲下了山上的石头，压扁了前面的车。

对他的接待既不热情，也谈不上冷淡。简单的问询后，他便开始跟着大家一起吃饭、劳动、学念经。真如寺原是道家的庙，“文革”破坏后改建成了佛家的寺，他到的时候正碰上寺院扩建，四处都乱糟糟的，也没有他想象中的清净。没经过什么考察，师傅就给他剃度了。他有了法名释本有，他喜欢这个名字。接下来，劈柴烧灶、打扫寺院、擦亮油灯、上早晚课……日子平淡无奇。师傅是个温和的人，不怎么教他，也不怎么管他。虽然有些杂活，但他想干就干，不想干也可以画画。

不用跟朋友喝酒，不用跟姑娘拍拖，不用陪母亲聊天，他发现出家的最大好处是有了大量自己的时间。虽说吃喝玩乐、交友恋爱能带来快感，但那些快感似乎都是暂时的。面对的人少了，杂事和烦恼也就少了。他开始阅读各类佛教书籍，开始专注地画画，开始从一个旁观者的角度去看世界。他并不需要克服孤独，因为佛法让他着迷，让他感受到前所未有的宁静和智慧的提升。

疑惑也随之而来。当自己剃度为僧之后，他却发现佛陀似乎从未希望佛法成为一种宗教，也从未希望那些听他说法的人成为佛教徒。因为，人们一旦成为什么"徒"，便会起纷争。他很快对日常的早晚课没了兴趣。他相信佛陀生前并不鼓励人们念经持咒，因为念经持咒并不能改变人们的命运。佛是觉悟的人，佛法是指引人开启智慧的方法，重复那些句子，不明白其中道理，只会麻醉自己，令本就迟钝的心灵更加迟钝。

所谓的"法事"在他眼里也开始变得多余起来。他不相信那些让人眼花缭乱的宗教仪式能够帮助人们了悟佛法、增长智慧、明白真相，他不相信这些旨在祈福的活动能使人们的心灵达到无欲无求的境界。他发现，人们在乎的只是"法事"

的场面够不够大,来的人够不够多,功德箱里塞的钱够不够多,是不是很成功。

他跟师兄弟们聊不到一起,也不喜欢听他们熟门熟路地滔滔雄辩。“开悟”、“烦恼”、“明心见性”、“了脱生死”这些字眼说多了,便让他感到厌倦。有没有烦恼?有没有见性?有没有修行?听上去似乎关乎智慧,但整天说就肤浅和自恋了。在他看来,无所事事的人才会整日搬字过纸地把这些词语挂在嘴边,才会如此关心自身感受。

他发现自己在社会上是异类,出了家的自己在僧团里还是异类。他不知道是自己出了问题,还是身处的世界出了问题。他不喜欢形式主义的佛教。他甚至觉得寺院可以给僧人剃度,但不该让僧人常住。常住会使人执著,师父师兄弟会成为另一种意义上的家人,寺院内部的名利之争也会或多或少地诱发出家人的贪心。挂单的云游僧也会有执著,但他们执著的是分别心。他们会跟他说哪家寺院住得好,哪家寺院吃得好,哪家寺院好客,哪家寺院小气……

他一再鼓励自己要坚持,但去意还是越来越浓。促使他离开寺院的导火索是一位叫本心的师兄。本心是孤儿,从小被师傅养大,是师傅最疼爱的徒弟。真如寺唯一的热水器装在师傅房间,除师傅外,只有本心能用,其他人洗澡要走五公里去寺外的澡堂。即便如此,本心也常不在寺里,只有没钱时才回来拿,而师傅也不说什么。

有一天,他正在给真如寺做网站,本心回来了。本心问他如何才能移民去美国。他问，你会英文吗？本心说，不会。他继续做网站，本心继续在边上没完没了地问这问那。这时师傅来了，他让师傅把本心叫开，免得影响自己工作。本心为此发了飙，当着师傅的面踢他。师傅并未责骂本心，只是皱着眉头，换上了失望的表情。说来很神奇，就在此时，一只小鸟不知怎么撞上了藏经阁外面的钟，咚的一声，掉到了地上，另一只飞下来照顾它，即使人走近，也不飞走。师傅指着那两只鸟说，鸟都会照顾自己同胞，你们两个师兄弟却喜欢互相争斗。

真如寺的冬天，零下二十来摄氏度，没有暖气。他不知道师傅是怎么想的。但他知道自己更适合身上出汗便能下水游泳的南方，他已经不想再吃山西的馒头，穿北方超市里卖的那种有颜色的三角内裤。他怀念香港的莲蓉包、冻咖啡和“珍珍”牌的薯片。

让心定下来

他去了福建太姥山的白云寺，在那住了一阵子，后来又来去了云南大理。他在大理古城里租了个小院。他想清楚了，只要可以画漫画，有互联网，在哪里都一样。对画画的人来说，他是僧人，不是什么艺术家，不需要混圈子，也不需要跟策展人一起搞各种“小动作”。对僧人来讲，他是画家，不需要混佛教界，也不需要跟高僧大德们搞好关系好挂单。他最崇拜的人是手冢治虫，在他眼里，这个画了《佛陀传》的日本漫画大师更像是真正的“出家人”。

大理古城里，他依旧穿着僧衣，并没有因为离开寺院就脱掉它们。他不喜欢穿僧衣，不喜欢那种把身体裹起来的感觉。但他不能脱。古城是灯红酒绿的旅游区，僧衣能管束自己不上酒吧，不进发廊，不做放纵自己的事。

守戒不是守给别人看，有的事骗得了别人，却骗不了自己。他知道，庄严的僧衣虽可遮盖和管束自己，但僧袜下的脚是臭的，涌动的内心也是被欲望引诱着的。他清楚自己的修行还谈不上什么境界，他还有太多的执著。他喜欢玩偶、冻咖啡、珍珍薯片，喜欢各种时尚杂志，有时他甚至会忍不住想抽支香烟。

他从未想过自己有朝一日能成为禅师或是某位高僧，也不想成为他们。他讨厌那些自恋的和尚。他宁愿自己只是一个穿着僧衣认真画佛教故事的傻瓜。

尽管穿的是汉传佛教僧衣，但他更喜欢东南亚的南传佛教。他曾到老挝、柬埔寨等国游历，他发现那里出家人把佛法活泼地融入到了自己日常的生活。他们的笑容自然灿烂，很少把戒律挂在嘴边，也很少教训别人。他觉得佛法就该这样活在每个人的心中，活在每个人的生活里，而不是摆在寺院受人朝拜。心中有佛，每条街都是寺院，处处都有佛法。

他不跟大理的出家人来往，也不喜欢在那些自称学佛的游客面前说套话，扮高僧。他不需要别人认同自己的身份，也懒得跟人分享有关修行的看法。你念你的佛，我画我的佛，互不相干。

他也不跟那些住在大理的画家们打交道。在他眼里，今天的很多画家都只是急功近利的艺术投机者，缺乏基本的绘画基础，只依靠各种噱头来为自己博名换利。他只欣赏1980年代初那批不出名，也不被重视的连环画家。他们是写实派的高手，所画的连环画连日本和法国的漫画家都拿来参考。

他从不要别人供养自己，也不依赖任何寺院或组织。被人供养，受人钱财便会心起贪念。他时常提醒自己，今世今生要过简单的生活，自己就是自己的寺，自己就是自己的僧。他不会拿自己的画去讨好高僧或是居士，也不在乎有没有人购买。对他来说，穿得如何法相庄严，说得如何止观禅定都是没用的，每天面对纸笔，在书桌前认真地画佛教漫画才是最充实的修行。

他既不画传统的观音罗汉，也不画所谓空灵的作品。他喜欢画南传佛教的小沙弥，喜欢他们身上那种充满力量和自然的肢体动作，喜欢买些糖果、薯片跟小沙弥们坐在一起交换着吃。

他画画靠的是直觉，并不在乎所画的内容是否“如法”。一次，他在寺院看到有僧人戴金表，觉得金表会唤醒沉睡的木乃伊，便画了一幅木乃伊袭击出家人的画。

通过画佛教漫画，他对自己的内心有了更多的了解，他发现画画能化掉自己的欲望和贪心，让心定下来。画画时，他不听佛教音乐，也不听流行音乐。他喜欢打开收音机听电台里的谈话节目，喜欢听激愤的听众打进电话，指责无良的商家、变心的丈夫和其他一些千年不变的话题。他觉得透过事物的表面现象，发现提炼出其本质意义，把对世间百态的思考画进佛教漫画也是一种弘法，这种弘法过程能让他感到内心的充实和快乐。他相信，有了充实和快乐的心，才能更好地了解佛法。

而每当有所感悟，他便会高兴地哼唱起日本乐队“安全地带”的歌曲《再见悲伤》，为自己冲一杯咖啡。

自然

他把自己的光头露在湖面上。中午时分，游泳的人还很少，只有一个男子在把自己的狗拼命往水里拖，那只哈士奇很胆小，一边挣扎着扑腾，一边叫唤，引得它的主人放声大笑。喝完粥，喝完冻咖啡，回家路上跳进湖里游一阵是他一天中最快乐的时光。

他骨子里常有野性涌动。他喜欢裸泳，不管是香港离岛的瀑布、日本的温泉，还是东南亚的河流，他都曾忍不住脱光衣服跳进去。开始，他还把自己这当成“崇尚自然”的表现告诉其他出家人，但遭到的都是“不如法”的指责。后来，他什么都不说了，心想，我游我的，你们假贞洁你们的，当我是野人好了。

在被太阳晒得暖暖的湖水中，他沉湎于小小的快乐。午后烈日的光洒在湖面上，泛起一片刺眼的粼光。他呼吸着湖水的味道，稳稳地向前游，双臂劈开湖面，像是两把优雅的剪刀。

水月光

“修行一辈子，开悟一刹那。”——释光宗

虚公塔院

两只黑色小狗躺在虚公塔院的门槛上。刚入秋的阳光从树梢上照射下来,晒着它们懒洋洋的午觉。

光宗和尚放下手中抄经的毛笔,深吸了一口气。沁人心脾的是桂花香,微风把它们一阵阵送到光宗心里。光宗喜欢这味道。在这云居山上,二十四个节气按理说都是准的,他不知道为什么今年的桂花早开了半个月。光宗把塔院里的地扫得干干净净,等待着那些被风吹落的金黄色小花。桂花落了地,光宗就把它们拣起来,选一选,入水泡成桂花茶。

光宗住在虚云老和尚的舍利塔旁已经八年了。加上光宗,共有四位僧人住在这虚公塔院里。

光宗的隔壁住着一位精神不太正常的和尚。平日里,那和尚只是在塔院附近走来走去,口中念念有词,也不跟人说话。怎样在修行中着的魔?光宗不知道。光宗觉得自己没有慧眼,也不是医生,自己的事还管不过来,也就不去管别人的事了。总之,不管是在家人还是出家人,各有各的因缘。另一位五十多岁的和尚住在光宗对面,据说那和尚原是清华大学毕业的,南华寺出家受戒后,闭关三年,便来了云居山。刚到云居山时,也能说会道,写一手好字,但不知为什么,突然就不讲话了,每天除了中午吃餐饭和上趟厕所,其余时间都在屋内闭门打坐。光宗从没见过他出来洗过脸刷过牙,也没见过他洗过衣服剃过发。寺里派了位年轻僧人照顾他俩，给他们做饭，也顺便照顾了他。

虚公塔院在云居山的赵州关外。进了赵州关，走过明月湖，便是真如禅寺。对普通游客来说，这寺院并不算有名，但对佛教界来说，地位却非同一般。唐元和年间，本在云居山南麓结茅修禅的道容禅师见这里“四周峰围，坦然一方”，便肇基立寺。唐中和三年，曹洞宗第二世祖道膺禅师来到云居。禅宗从初祖菩提达摩创建后，传到六祖惠能时分南宗惠能，北宗神秀，其后又分化为沩仰宗、临济宗、曹洞宗、云门宗、法眼宗五个派别。曹洞宗由良价和本寂分别在江西洞山和曹山创立，可惜的是，曹山这一法系四传后就断绝了，只靠洞山法系道膺禅师在云居山一脉弘法，才得以流传。道膺禅师集曹洞教义之大成，宣传“理事不二、体用无碍”的思想，弘法二十余年，法幢高树，徒众千余人，其法嗣传到朝鲜和日本，所以，直到今天日本曹洞宗信徒们仍奉云居山为曹洞宗祖庭。除此之外，这里还是中国近当代佛教领袖的“摇篮”。新中国成立后，中国佛教协会共有五任会长，其中四任都跟这里有极深的“佛缘”。现任会长传印在这里修行生活了25年，第四任会长一诚曾是这里的方丈，第三任会长赵朴初是这里的居士，而第一任名誉会长便是一百二十岁圆寂于云居山的虚云老和尚。

虚云老和尚少年出家于福州鼓山涌泉寺，后依妙莲和尚受具足戒并受衣钵，为临济宗第四十三代法嗣。曾在鼓山隐居岩洞，习头陀行多年，冬夏一衲，以野菜充饥，抱病燃指供佛。二十七岁离开鼓山云游，四处拜师学禅。为报父母养育之恩，用三年时间从普陀山三步一拜到五台山。后徒步入藏，游印度、斯里兰卡、缅甸，朝礼佛迹。回国后，入终南山闭关苦修，在扬州高旻寺一次开水溅出，茶杯坠地，一声破碎，遂悟透禅关。老和尚是公认近代禅宗泰斗，光绪皇帝曾封他为"佛慈洪大法师"，赐他紫衣钵具、玉印、锡杖、如意。在他的主持下，重修了鸡足山祝圣寺、昆明云栖寺、福州涌泉寺、韶关南华禅寺、云门大觉寺、云居山真如禅寺等六大祖庭名刹，复祖师伟迹，续佛门慧灯。

海会塔

趴在门槛上睡觉的两只小狗醒了，一个穿着白色衬衣和条纹短裤的小伙子走了进来。小伙子在刻有"虚空悬宝月，云海现金身"的虚云老和尚舍利塔前磕了头，然后围着塔念"南无阿弥陀佛"的佛号。

舍利塔里有一二十颗虚云老和尚的舍利。它们放在一个舍利盒里，埋在地下，上面压着这塔，舍利谁也拿不走。

舍利塔前面还有一个海会塔。跟舍利塔不同，海会塔是能进去的，里有一千多个格子。寺院里圆寂的僧人，寺院外往生的居士都可以把自己的骨灰坛放在格子里，外面封上青石板，刻上亡者的姓名和生卒日期，为自己找一个生命的归宿。

海会塔最初是一位姓詹的加拿大华人居士捐建的，那是

1957年的事了。詹居士本想在云居山上建一座留云禅院，希望虚云老和尚能长住世间。老和尚谢绝了詹居士的好意，说不会在任何地方为自己特别建造一椽一瓦。但老和尚又与詹居士商量，看能否用这笔钱建一座海会灵骨塔，因为云居山的历代祖师圆寂后，遗骸都散葬各地，年长日久，连塔墓都找不到了。詹居士同意了老和尚的意见，并增寄五万港币以为工程之用。

当初，海会塔里放了几十个出家人和居士的灵骨坛，但"文革"开始前不久，灵骨坛就被抱出来打掉了。僧人们被赶下山还俗，老百姓搬进了塔院，住进了两边的寮房，直到恢复宗教政策的三年后，才又搬出去。

每年都有不少灵骨坛被放进海会塔里，在光宗的眼皮底下。一年比一年多。每逢清明节，塔院里就会热闹非凡。光宗平静地看着这些，他心里清楚，自己已经七十八岁了，如果自己哪天一口气上不来，没了也就没了。别人问他，光宗师啊，你守了这么多年老和尚，将来的归宿也肯定是在这儿吧？他说，死在这里，就放在这里，死在别处，就放在别处。人总归是要死的，骨灰是没用的假东西，放在哪里都一样。

"老师傅，我是专门从北京过来看虚公的，您住在这里能够每天亲近老和尚，感觉是不是特别好啊？"那个小伙子结束了转塔，找他聊天。

"有心再远都好，没心天天在旁边都没用"，他把笔放到前面那只修长的"狐狸"笔架上，把盘着的腿放到灰色的毛线拖鞋里，去给小伙子泡桂花茶。“你有这个心才会来这里，才会想是什么时候来，是坐飞机来还是坐火车，坐汽车来，但如果你不想来，就什么都没有了，这就是心生种种法生，心灭种种法灭。”

“老师傅，您的笔架怎么是只‘狐狸’呢？”

“哦……那是一个居士送的，你看它是狐狸，我看它就是个笔架，有相才有碍，无相则无碍。”

“老师傅，如何才能成佛呢？”

“成佛成的不是一尊什么佛，成佛成的是自己，见到自己的本来面目。”

“您是如何开悟的？”小伙子问。

“我哪有开悟？”光宗哈哈笑起来，“我讲的说的，都是从经书上学来的，不是我自己悟出来的。”

“可您说得真好。”

“说了就不好了，讲出来的就不是了，关键是靠自己悟。”

“您用什么方法来悟？”

“佛有八万四千法门，高兴用哪一种都可以，无论是佛是众生，都是心所造。所以，一切修法，都是修心，至于我么，就是每天坐在这里读经，抄经。”

“读经读到什么程度才能悟道？”

“修行一辈子，开悟一刹那。六祖听了一遍《金刚经》就悟道了。一切放得下来就是程度，放不下来就是碍处。”

“是不是放下了就算悟道了？”

“也不是，佛陀放下了当王子的荣华富贵，还修了十几年的苦行才悟道。”

“那师傅您修过苦行吗？”

“这世间哪有乐行呢？我们生来就是苦的多，乐的少。我一点点大就被送去当和尚，十九岁到云居山，重修真如寺天天干活，寺修好了，跟着虚云老和尚欢喜了几年，老和尚又圆寂了。没过几年，开始打菩萨，逼我们还俗。等落实宗教政策可以重新当和尚了，又有了老婆孩子，等把孩子们抚养成人，安顿好了老伴，可以重披袈裟了，人也老了。你说我这一辈子哪有乐呢？”

“我们不是说要生活得有禅意吗？那这禅又是什么？”

“禅是直指人心的，见性成佛。越高层次修行越简单，越低层次的修行弄得越啰嗦，你看我就特别啰嗦，所以，不用问了，喝茶喝茶。”

小伙子离开前，光宗让他等一下。光宗进屋从衣柜的深处拎出一个电脑包，里面取出的不是电脑，而是一件灰色的大褂。“这是虚云老和尚穿过的。89 年虚云纪念堂建成时，他们让把老和尚用过的东西都交出来，放在玻璃展柜里。我留了这件没交。展柜里的衣服已经够多了，留一件在外面，你们可以穿一穿。”

“这大褂您是怎么保存下来的？”小伙子穿大褂时有点欣喜若狂。

“自己想办法嘛，你问我怎么保存下来了，我就是保存下来了,这个不要问。”

穿上老和尚的大褂,小伙子给地藏王菩萨磕三个头,又到舍利塔前磕了三个头,然后恭恭敬敬地脱下,叠好放在头顶上,喊了三声吉祥。

真如禅寺

虚云老和尚是在1953年上的云居山。那一年,真如禅寺的住持性福和尚听说老和尚参加完中国佛教协会的成立大会后到了庐山大林寺休养,便派人来参礼。来人告诉老和尚,1939年,日军以“兹山险峻,易伏游兵”为借口,炮轰了寺院,至今真如禅寺只有四名僧人和一片荒凉破败的景况。老和尚听得有些神伤,便同大家一起顶风冒雨,走了数十里山路来到残破的真如寺。

真如寺的情景让老和尚心情沉重。野兔乱窜。千年祖师道场,墙倒房塌,瓦砾满院,只剩三间破房。明代皇太后所赐的铜铸掺金毗卢遮那大佛像兀坐于高没人膝的荒草中。老和尚在毗卢遮那大佛像前上香进礼,发愿以毕生之力恢复重振云居山祖庭。

光宗是在1954年,慕虚云老和尚的大名来的云居山,那时他19岁。光宗的家乡在湖南衡阳。私塾里读了一年《论语》后,父亲怕他被国民党拉壮丁,便把他送去南华山铁佛寺当了和尚。那时候,离解放还有四五年。师傅是他的叔叔。

刚到云居山时，周围都是荒山，每天都得开荒种田。那时候，什么都统一供应，有钱也买不到东西，没人卖给你。自己种地自己吃，不劳动便没得吃。干不完的活。

每天上午八九点，老和尚就出来看大家，拿居士们送他的果子给大家吃。那时候，老和尚已经一百一十五岁了，但一点老相都没有。耳不聋，眼不花，牙齿也好，走路不用拐杖，也不用人扶。大家看到老和尚出来，就坐在田坎上，静静地听他说会儿话。

到了1955年的秋天，全国各地的沙弥、沙弥尼知道老和尚在云居山，都跑上山来，请老和尚启坛传授三坛大戒。开头只有百余人，后来陆续来了三百多人，加上常住僧众，一下子真如禅寺就有了五百多人。当时山上只有一间法堂和三间茅棚，吃饭是问题，口粮凭票供应，一点米都是从山下挑上来，舂成碎米煮粥给大家充饥。更麻烦的还不止于此，不断有坏消息传到山上，上海佛教青年会出事了，金刚道场出事了，还有甘肃省反动会道门的头目也穿上僧衣混进真如寺，想借机求戒。老和尚压力很大。考虑再三，老和尚决定依照《梵网经》所规定的“自誓受戒方便”法门，先集中已上山的戒子，亲自抱病为他们讲说十戒、具戒、三聚戒等必要的基本戒理。然后，劝令非真如禅寺常住的戒子各自回山，依照戒期自十一月初一日起，各自在释迦牟尼佛像前自誓受戒，十八日圆满。此后，云居山真如禅寺按佛制规矩发给戒牒。

外来戒子下山后，老和尚主持在真如禅寺启建戒坛，为常住中符合受具足戒的沙弥传授三坛大戒。十一月初一日进堂，初八授沙弥戒，十四日授比丘戒，十六日燃香申供，十七日授菩萨戒，十八日功德圆满。

光宗在解放前受过戒，给他传戒的是他的叔叔，这一次，光宗又幸运地增受了一个戒，传戒和尚是虚云。

不过，也因为这次的受戒。虚云老和尚在1958年春天开始的“社会主义教育”运动中，被“思想要求进步”的和尚贴了张大字报，一个和尚说他“思想错误”、“滥传戒法”。其他僧人要回应反驳，老和尚拦住了。老和尚说，贴来贴去的东西，也就那么一回事，没必要恶缘相续。

世缘将尽

光宗记得，老和尚第一次给他们交代后事也是在这桂花飘香的季节。那是1959年的8月初，老和尚自感病情加重，便在开示时对他们说：

“我们有缘，相聚一处。承诸位发大心，数年间复兴云居道场，辛劳可感。但苦于世缘将尽，不能为祖师作扫除隶，有累诸位。倘我死后，全身要穿黄色衣袍。一日后入龛，在此牛棚之西山旁掘化身窑。火化之后，将吾骨灰，辗成细末，以油糖面粉做成丸果，放之河中，以供水族结缘。满吾所愿，感谢不尽！”

后来，天气变暖，老和尚的病情有所减轻，还能在侍者的搀扶下到天王殿前走走，与他们聊天。这时候，海内外的居士们纷纷来函，说要上云居山为老和尚庆祝一百二十岁的大寿。对此，老和尚都婉言相拒，他说出家人没必要“扮演世俗情态”。生日是母难日，寿庆只会“转增弥罪”。当各痛念生死事大，无常迅速，精进净业，勿空过光阴，勿负此人身！

农历九月初六，瑟瑟秋风。国家副主席李济深病逝的消息传到云居山，那是老和尚几十年的知己，老和尚说了声：“任潮你怎么先走了，我也要去了。”便再不说话。又过了一周，老和尚让侍者把原供在茅蓬中的佛龛搬出。大家感觉不妙，便到茅蓬请老和尚为法长住。老和尚告诫大家不要再作俗态，既然世缘已尽，那就随缘。老和尚说：“我刚才在睡梦中看到一头牛踏断了佛印桥石，又看到碧溪水断流”，而后闭目不语。过了几十分钟，老和尚让大家全都进来，对大家说：“你们侍服我多年，辛苦可感。从前的事不必说了，我近十年来含辛茹苦，日日在危疑震撼之中，受谤受屈，我都甘心，只想为国内保存佛祖道场，为寺院祖德清规，为一般出家人保存此一领大衣。即此一领大衣，我是拼命争回的。你们各人今日皆为我入室弟子，是知道经过的。你们此后如有把茅盖头，或应住四方，须坚持保守此一领大衣。但如何能够永久保守呢，只有一个字曰‘戒’。”说完，老和尚合掌不语，众人退出。到一时四十分，二个侍者进去一看，虚云和尚右肋侧作吉祥卧，已经圆寂。

光宗跟着大家到大殿，为老和尚诵经送往生。诵经声中，光宗看着老和尚的遗体封龛。第二天，在云居山真如禅寺化身窑前举行了老和尚的遗体荼毗仪式。当时的中国佛教协会副主席巨赞法师为之举火。青烟从化身窑孔飘摇而上，弥漫在青松翠竹中。七天后，真如禅寺僧众打开化身窑，得到虚云和尚荼毗所留较大的五色舍利百余粒，小者无数。

随缘说法

“凡所有相，皆是虚妄”，这是《金刚经》里的话。世间万物都是幻化的，有相的东西都会坏。

真如寺的菩萨是在 1966 年被打光的。光宗记得那天刚吃过早饭，便有人通知他们去龟山开会，说是学习毛主席的最新指示，于是，他们就到几公里外开了一上午的学习会。中午，留在寺里煮饭的僧人挑来了饭菜，哭着对他们说，你们还在这里开会，寺里的菩萨都被人打光了。他们跑回来，五十多尊佛像菩萨碎成泥块，跟经书、法器们一起，躺在地上。菩萨是被学生打的，学生们来自山下的一所中学和一所工农兵大学，据说来了三千多人。他们赶回来时，学生们都走掉了，只剩下一些看热闹的老百姓。

菩萨没了，和尚也不让当了。他们被打散分配到云山垦殖场的七八个分场里劳动。光宗分到红福分场，正智分到君山分场。下山前，他们被叫到天王殿排队接受检查，经书、木鱼、香板，一切跟佛教有关的东西都不能带走，都要烧掉。本来，袈裟也是要脱下来烧掉的，但那时候有钱也买不到布，烧掉就没衣服穿了。于是，山下妇女就上来帮他们把袈裟改成工作服。

那时候，光宗想，要是老和尚还在就好了，可以和这些灭佛者理论。想当年，云南协统李根源曾以“清肃社会”为名，亲自带人在大理、宾川一带逐僧毁寺。当时，老和尚在鸡足山祝圣寺，山上的僧人们惊恐而逃，老和尚却独自一人去找李根源。

李拍着桌子问老和尚：“佛教有什么用？对国家对民众又有什么好处？”

老和尚说：“释迦牟尼佛创立佛教，总以慈悲为怀，济众利民为本分。语其初肇，则为善去恶……自古佛教与政治并行，政以齐民，教以化民……佛教人治心，心为万物之本。得其真正，万物得以安宁，而天下太平。”

李又问：“佛教要那些泥塑木雕像干什么？空费钱财！”

老和尚回答说：“佛言法相，相以表法。不以相表，于法不张。佛像的塑雕，目的在于令人起敬畏之心耳。人心若无敬畏，那就会无恶不作。人若无恶不作，社会就会祸乱四起，不得安宁。就拿世俗社会而言，尼山塑圣，丁兰刻木。中国各宗族祠堂和东西各国的铜像雕塑等，亦不过是令人心有所归。然而圣像雕塑起人敬信之忱，功效不可思议。这就正如佛教中所说，若见诸相非相，即见如来。”

一番较量后，李问老和尚："我已经杀僧毁寺，造业重重，该怎么办？"

老和尚答说："逐僧毁寺是一时风气所造成，并不是个人的过错。你以后能极力保护佛教，那么功德就莫大了！"

老和尚的随缘说法，让李体验到了禅宗的不可思议，心中生起"机锋到处铁人惊，振威一吼天耳聋"之感，随即拜老和尚为师，皈依了佛门。

红尘

灭佛者没有皈依佛门，真如禅寺的僧人却重返了红尘。

在红福分场，光宗被分去了基建队，负责修屋盖房。基建队有十几个人，他们用警惕的眼神看着他，说他是"划清了界限"的"阶级敌人"，而且是"高级的"。他问他们为什么自己是"高级的"？他们告诉他，封建皇帝、地主恶霸是剥削阶级，剥削阶级剥削来的钱都要给你们，所以，你们是"高级剥削阶级"。

到了基建队，光宗就不能再叫光宗了，因为那是当和尚时的法名。他俗家姓周，队里的人就叫他"周和尚"，以示提醒他跟大家不一样。

基建队里很忙，难得的空余时间也要拿去开会。白天开，晚上开，天天都要开。毛主席说，千万不要忘记阶级斗争。于是，这个不对，那个也不对，即便是熟人，也要彼此间斗来斗去，胆子小的拼命交代问题，嘴巴犟的打死了也就打死了。

在基建队，他很少说话，让做什么就做什么，从不发牢骚，动乱年代，沉默是一种自我保护。

他是在庙里长大的，向佛的心，永远都改变不了。让他当和尚他是和尚，不让他当，他就不是了吗？他依旧留着光头，吃着素，穿着自己袈裟改的工作服。谁又能管得了他的心呢？别人越是对他恶，他便越是朝人笑。他记得寒山拾得的对问——昔日寒山问拾得曰："世间谤我、欺我、辱我、笑我、轻我、贱我、恶我，如何处治乎？"拾得曰："只是忍他、让他、由他、避他、耐他、敬他，不要理他，再待几年，你且看他。"

1967 年，干部们开始跟老百姓宣传佛教是"封建迷信"，老师跟学生宣传佛经"尽放狗屁"。到了 1968 年，干部成了"当权派"，被老百姓打，老师成了"臭老九"，被学生打。干部和老师都被打倒后，老百姓和学生又开始分派，接着打，从中央打到地方，没一个地方不打。光宗心想，这便是因果报应，万般将不去，惟有业随身。

抄经是从 2000 年开始的。那一年，台海局势紧张，电视里，各种新式武器热火朝天地搞着军事演习。难道中国人又要打中国人了吗？战火一起，倒霉的还是无辜百姓。为了两岸和平，六十六岁，退休多年的周和尚发心开始抄《楞严经》。他白天抄，晚上抄，一口气抄了六遍。每次抄到《楞严经》里那句话——"一切众生，从无始来，生死相续，皆由不知常住真心性净明体，用诸妄想。此想不真，故有轮转"，他都感慨良多。

台湾和大陆真的没有打起来。他不知道是不是自己抄经抄出的和平,但他坚信佛法是不可思议的。

光宗开始梦到老和尚。老和尚过去的忏悔也成了他的开示。他清晰地记得老和尚的感叹——我十九岁出家,到今天百多岁,却空过一生,少时不知死活,东飘西荡,现在一天不如一天,久已是一朝卧疾在床,众苦萦缠逼迫。朝夕思忖,前路茫茫,道业未成,生死不了。无常一到,一口气上不来,未知何往,又入轮回。

老和尚似乎在托梦给他让他重披袈裟。但是,若论成道本来易,欲除妄想真个难。

虽然人们叫他周和尚,但他早已习惯了世俗的生活。红尘中的妻子给他生了四个孩子,对他体贴入微;孩子们都成家立业,让他儿孙满堂;每月一千五百块的退休工资也使他衣食无忧。每天,他想睡觉睡觉,想抄经抄经,想带孙儿出去玩就带孙儿出去玩,别人眼中,他正安享着晚年。

但是,生活越安逸,他的内心便越是着急。每当看到家中挂的"执志安如地,心净若莲花"的对联,他就心虚。而老和尚"把世情看得淡淡的,若无我相,诸妄顿亡"的开示也频繁在他耳边响起。

重新出家是预料中的事,家人对此也早有心理准备。2004 年 4 月,桃花盛开的时节,他跟老伴离了婚,上了山,重新受了比丘戒。他不再是周和尚,快五十年后,他又成了光宗。

抄经

虚公塔院里不用上早晚课。早醒就早起，晚醒就晚起，看经，抄经，八年了，光宗的日子过得简单而充实。

云居山的夏天虽然凉快，但中秋一过，气温便会迅速降下来。到了冬天，他就只能躲进屋里在电热毯上打坐读经了。冬天是抄不好经的，手脚会冻。

手脚冻的时候，前妻就会带着儿孙们上山看他，把他一年的退休工资也带上来。刚开始，他让前妻留着用，但她说自己也有退休工资，孩子们还给，够用了。他的退休工资他自己留着，拿去放生，印经书都行，人到了这岁数，钱财已经不重要了。

洗碗池边放了两块青石板。每天吃完饭，洗了碗，光宗就站在那里写会儿大点的字。笔是用竹笋壳扎的，沾着水写。大太阳天，石板干得快，这边写满，那边就干了，可以不停地写。如果是阴雨天，字干得慢，石板很快就写满了。

老和尚开示过，“无论修何种法门，都要信心坚固，把得住，行得深，方能得圆满的利益。信一持咒可成，参禅可成，念佛可成。人生处处是道场。”

一分心，一妄想，就会写错字，字写错了能用涂改液，而要是写漏了，整页就得重写。抄经也是修心。光宗想，抄经亦可成。

经抄累了，光宗便会写写老和尚的《辞世诗》——少小离尘别故乡，天涯云水路茫茫。百年岁月垂垂老，几度沧桑得得忘。但教群迷登觉岸，敢辞微命入垆汤。众生无尽愿无尽，水月光中又一场。

这首诗，光宗不知道抄了多少遍，抄好就放在桌上。来塔院的人很多都是崇拜虚公的，谁要，他就送给人家。

头陀下山

“见怪不怪，其怪自败，慈悲无障碍。”——释见宽

因缘已起

头陀见宽在他那间简陋的禅房里睁开眼，窗外漆黑一片，天还没亮。自从动了下山的念头，他已经两晚没睡着。他眨了眨眼睛，并没有酸涩的感觉。体内无虚火，下山该不会有大碍。

农历四月十五到七月十五，结夏安居的日子。他本该在山上安心诵菩萨戒，但小林居士发短信告诉了他那件事，让他内心焦灼。外界因缘已起，一天不处理，便一天不能安心打坐、诵经、修头陀行。

他把下山需要的东西从床铺下取出来夹到《梵网菩萨戒经》里，然后用青色的袈裟把它们包好，连同钵具、“心板”放进背篓。他背上背篓，戴好观音斗，揣了两把手电，又从门后拿上竹杖，出了门。

站在门口，他想了想还有什么忘记的。他转身回屋，从塑料桶里抓了把米出来，撒在院子里。松鼠每天都来，尽管它们喜欢吃他的剩面条，但今天只能给它们撒点米。

他走出“释子茅棚”，回身用铁丝把栅栏门扣好。山上的草返青了，牛已被山民们赶上了木香坪，一直要等草枯了才会赶回去。栅栏不关好，这些放养的家伙便会进来糟蹋他的菜地。

月亮的方位告诉他，现在应该是深夜两点了。他熟悉那方位。月圆时，他常在这时候起身，走两三个小时的山路，在天亮前赶到鸡足山前山的寺院上早课。放光寺、祝圣寺、铜佛殿……前山十几个寺院的早课他都去上过。

各自生息

头陀见宽在鸡足山一带家喻户晓。他长发披散，一蓬脏须，不修边幅；即使寒冬腊月，他也一身破烂单衣，一双塑料拖鞋；他常年不洗澡、不换衣，身上异味随风飘散。

他并不在乎世间的认同。人们越看不起他，越远离他，他便越容易安心修他的头陀行。如果有人说他身上臭，让他去洗洗，他便会反问：我怎么闻着是香的呢？

事实上，他并不想标新立异，也不想显异惑众。如此僧相，他有着自己难言的苦衷。

头陀见宽在黑暗的树林中穿行。松针枯叶在脚下吱吱作响，下山的小路又陡又窄。枝桠纵横，他的皮肤和袈裟不时被树枝刮破。“破衣烂衫，竹杖芒鞋，出没在鸡足山密林中，或宴坐，或飞奔，或长啸，或狂舞。发心弘扬迦叶尊者头陀家风。”——他想起小林居士在博客里对自己的描述。

释迦牟尼“捻花”，摩诃迦叶“一笑”。迦叶是佛陀十大弟子中的“头陀第一”，因其修行了得，佛陀曾“分半座与之”。佛陀涅槃前，曾将衣钵交与迦叶，令他在自己涅槃后，进山守衣入定，待弥勒佛出世，以传衣钵。后来，迦叶来到鸡足山，在华首门守衣入定。于是，鸡足山成了迦叶尊者的道场，也成了圣山。鼎盛时，鸡足山上有寺三十六座，庵七十二座，茅棚百所，僧侣上千。彻庸祖师、大错和尚、见月老人、担当大师、虚云老和尚等无数高僧大德都曾在鸡足山上传法度众；阿育王、南诏王、大理诸王，以及明汝南王、丽江木土司也曾上山朝觐；就连徐霞客也曾在鸡足山上住了半年，成为这位旅行家一生中，除家乡外，住得最久的地方。当然，他比徐霞客住得久，已经六年了。

他极少下山，且每次下山走的路都不同。天快亮时，月亮走了，太阳还没出来，天色突然变暗，在这“黎明前的黑暗”里，他在树林中迷失方向。

他停下脚步试图在细微的光线中辨别方向。突然，黑暗中的远处传来“砰砰砰砰”的声音，这声音使他毛骨悚然。他开始诵念观音菩萨的名号。他想，也许是一只早起的啄木鸟。

他是修行人，知道这山林里都藏着什么。他希望此时此地的“冤亲债主”们都默默地来，默默地离开。《六祖坛经》里说“色类自有道，各不相烦恼”。他并不怕它们。他相信韦陀菩萨所说的“如有真修，吾必护法”，更相信“见怪不怪，其怪自败”，慈悲无障碍，天地万物，各自生息。

刚住山时，他害怕黑暗和蛇，但现在他什么都不怕了。能在山上同住是一种缘分。他对它们怎样，它们便会对他怎样。动物是敏感的，人有杀心，它们便不会出来。他时常用食物和它们“结善缘”，在他杂乱的厨房里，老鼠能嚣张地窜来窜去，而那些曾令他害怕的蛇则会在雨过天晴后,爬到他院子里晒太阳。

曾有一条斑点狗跟着他。它是自己跑来的。他觉得这是佛祖怜他孤独,助他修行而发的小慈悲。于是,他叫它小慈。小慈喜欢在木香坪上狂奔,喜欢追逐灌木丛中的山鸡。小慈也很淡定。碰到登山的驴友在草地上切午餐肉,它只是远远地坐着看他们切,一动不动。

虫蚁鸟兽,头陀见宽都不伤害它们。夏天,蚊子来吸他的血,他就看着,也不赶它们。他会对蚊子说,蚊子蚊子,不要吸得太饱,吸太饱你们会"坠机"的。蚊子似乎听得懂他的话,吸过几次后,便不再来找他。冬天,木香坪的雪地里会布满动物们的脚印。熊的、麂子的、野猪的、野鸡的、野兔的……他喜欢山猫的脚印,他觉得山猫的脚印像一朵朵雪地上盛开的小梅花,这时,他会想起那首"梅花,梅花,满天下,越冷它越开花"的台湾老歌。

只怕觉迟

他开始闭目打坐,在一棵松树下。他决定等太阳出来,辨清方向再下山。他喜欢在松树下打坐,风声流动,松涛阵阵,给他一种清新的感觉。

打坐不能昏沉,他时刻提醒自己。但几小时的林中奔驰让他汗流浃背,又累又渴,倦意袭来。过去,每当打坐时困意袭来，他便会起身下座，四处走走，提提精神。当然，有时候，精神太好也容易“打妄想”。他有时会妄想自己成为一代名僧，成为鸡足山的中兴祖师，成为头陀行的一面旗帜，成为《高僧传》里的释见宽……

意识到自己沉浸在妄想里时，他也会警醒，他会立刻问自己：这妄想是谁？你释见宽又是谁？他会想起被很多禅宗祖师说过的那句话——“不怕念起，只怕觉迟”。

太阳快出来了。他感到皮肤上拂过一丝暖意。他睁开眼，东方泛出橙黄，云彩渐镶金边。朝霞簇拥下，太阳正被缓缓托出。群山浴辉，大地苏醒。他欣赏着日出美景，想起徐霞客当年观鸡足山日出时所发的感慨——“四方几百里，上下数千年，一切都仿佛涌来眼底，奔上心头”。

佛法讲，观日出可以得定，可以发慧，而观日落可得清凉，增慈悲相。山上没有日历，没有时间，只有太阳、月亮和星辰。一天一天，他看着朝阳变夕阳，看着繁星斗转星移，看着谷雨时下的雨，霜降时起的霜。

他不会思念谁。“每逢佳节倍思亲”对于头陀僧来说，只是一种执著心。他已经没有可以思念的亲人。偶尔，他会想起小时候的情形，那是过年的时候。一家人围着吃火锅，打扑克，放焰火……恍如隔世。

在这鸡足山上，他一个人过了六回年。他会提前买些水果来供佛。山上的野花，他是从来不采的，只是他会走到野花前，双手合十，用心念和观想把这束花敬献给佛陀。他很得意自己的这个方法，能让自己和佛祖间的“交易”瞬间完成。

太阳出来时，四周的山像一片片盛开的莲花。晨辉将他团团围住。他从背篓里拿出《菩萨戒经》来诵念，他能听到晨钟在自己心里响起，这是他一个人的早课。他隐约听到林中有鸟儿也跟着叫，以同样的节奏。

他有些渴了，但忘了带水。他很想喝杯咖啡，出家前，每天清晨，他都会喝杯咖啡再去上班。他还记得那句台湾咖啡的广告词——“得意的一天从现在开始”。好在，天已经亮了，很快他便能在有机素食山庄找到水喝，没准咖啡也能喝到。

上次下山，还是去年七月。一家电力公司要投资六亿在木香坪上建大型风电场，测试塔已矗立在了象王峰的金刚塔旁。为了护卫祖师道场，他下了山，跟小林居士一起四处递材料反映情况，每到一处，他只寥寥数语，便开始在别人办公室里打起坐来。他清楚，自己语速快，话说多了，别人会不耐烦，对一些人显示价值的开示对另一些人来说，只是一堆废话。他的任务就是显庄严相，好让小林居士指着他对领导们说：看，为什么这位台湾法师会放弃优越的寺院不待要跑来鸡足山上修行，就因为这山是圣山！

随后他们在网上发动了保护圣山的签名，如火如荼。接着，小林带着志愿者上山拍摄了纪录片《鸡足山，最后的告别》。他则上了北京，请中国佛教协会的前会长一诚老和尚题了“鸡足山木香坪释子茅棚区”的词。两个月后，大理州委、州政府通报决定：鸡足山是全国风景名胜区，风电场项目选址存在问题，取消项目，永不再建。

上下都好

红尘飞扬。山下的路又在修，挖掘机轰隆隆地在他身边开过。

“见宽师，你是上木香坪，还是下木香坪啊？”马帮的马夫远远地跟他打招呼。

“你说我是上好呢？还是下好呢？”他问。

“见宽师，你最自在了，上下都好。”马夫乐呵呵地说。

他下到白草龙村，决定在这里要些水喝，讨些东西吃。四小时的山路，他已汗流浃背，口渴难当。

白草龙村的村民都认识他。他跟他们要了两个西红柿，那是他喜欢的食物。小时候，他最爱干的事便是坐在自家菜地里，边摘西红柿边吃。

1962年，他出生在台湾云林县虎尾镇一个普通的农家，家里五个孩子，他是老幺。上小学前，他没穿过衣服，家里穷，母亲只围了根布条挡住他肚脐，他整天光着身子到处跑，像邻居家的猪。上了小学，他才穿上衣服，但母亲叮嘱鞋子要拎到学校门口再穿。在学校，他学会了写自己的名字，篮玉全。从小到大，他的成绩都出类拔萃。大学里，他学的是电子，毕业后，他又在军队的运输后勤部队们里服了一年零十个月兵役。

退伍后，他进入了一家台北的IT公司，销售电脑主板。凭借勤奋与聪明，他成了公司业绩最好的员工，收入逐年增加。就在他有能力孝敬父母时，母亲患子宫癌去世，而父亲也在第二年死于意外。

父母的相继离世让他难以接受。他拿着父母的八字到灵泉寺找惟觉长老问因缘，惟觉长老说："天将降大任于斯人也，必先苦其心志，劳其体肤……"他说："师父，您别背了，我还可以倒背给您听呢。"下山时，惟觉长老送了本《金刚经》给他，他自己去买了盒磁带，照着经书，跟着磁带，每天为父母诵经。

一晃三年，他从台湾去了新加坡，跟朋友创办了一家IT公司，他是这家准备上市的公司的常务执行董事，占有五分之一的股份。那时的他是风光的，腰挎BP机，手拿大哥大，住别墅，开跑车，客户们叫他Michel。他的别墅附近有座光明山，山上有座普觉禅寺，住持宏船法师曾是李光耀的"国师"。他经常光脚走到普觉寺吃早饭，宏船法师喜欢他，常给他开示些佛法。有一天，宏船法师对他说，Michel，你的前世在印度，你是出家人的命。

他决定去印度寻找自己前世的因缘。他在恒河边打坐，入定中，他见到自己是印度一个小国的王子，跟佛陀一样。在血腥的宫廷政变中，他谋害过别人，后来也被人谋害。

恒河边睁开眼的那一刻，他决定出家，了却前世的业缘。

多年后,他总想起顺治皇帝在《出家偈》中的那句话——“皇袍换得紫袈裟,只因当年一念差”。

回到台湾后,他开始在中台禅寺当义工。因为有管理能力,惟觉长老让他当居士寮的寮长,负责跟居士有关的一切事情。义工之余,他开始念《心经》,山上、湖边、石头上,每天一千遍,念了十万遍后,他在惟觉长老门下剃度出家,成为见宽和尚。

公司合伙人找上山来,劝他还俗下山。他们说:

“Michel,你是IT界的奇葩,对社会会有很大作用的,为什么要在这里当米虫呢?”

“我不喜欢电脑,不喜欢对着有辐射的机器,我是出家人的命。”他说。

内心深处,他已不再属于那种所谓的“文明生活”。他希望自己远离人群,把自己藏起来。

他发现,中台禅寺并不适合他。一年到头,这里有无数的法会。他为解脱而来,却发现自己比在公司里当执行董事还要忙得焦头烂额。他不想当寺院的服务生,也不想象周围的师兄弟们一样成为“职业和尚”和“光头俗汉”。中台禅寺是子孙寺院,徒弟们都以是惟觉长老的徒弟而骄傲。他们处处模仿长老,走起路来都好像开悟很久的样子。这让他想起道济禅师所说的“学我者堕落,不学我者亦堕落”。

他也并不想去佛学院。在他眼里,很多佛学院出来的和尚都喜欢耍嘴皮子,说得天花乱坠却也跟了脱生死不相干,依旧是门外汉。他怕自己的修行会“死在话下”。他只想力摒一切名声、权势、道场、信众，不负这身袈裟和慧命，不空过此生。

疯

从白草龙村走到砂址镇，他就可以搭七块钱的中巴车去宾川县城了。他记得，第一次搭车时，他是被拒载的。人家说，那你就是疯子。他说，不，我是和尚。人家说，你是疯和尚。

再没人骂他疯和尚了。大家都知道他是台湾来的苦行僧，会几门外语，一个人住在木香坪上。

“见宽师，你这是要去哪里啊？”

“我到大理找政府办点事。”

“穿这么脏，也不怕保安不让你进去？”

“背篓里还有件新袈裟，披上就没有脏的感觉了。”

“头也要洗啊有味道不好啊！”

“如是，如是，依教奉行。”

他知道别人是好意时，会笑嘻嘻地应着。碰到讨厌的人，他也会毫不客气地顶回去。一次，也是坐中巴车，一个西装革履的中年男子上车后对他说：

“你坐后面去，我们这样有身份的人跟你坐在一起，太没面子了。”

“我也想当衣冠禽兽，可我做不到啊，要坐后面，你自己去。”

他开始把指甲里的脏东西挑出来。山上怎么脏都没关系，没有镜子，他也不知道自己长成什么样。色相是变化无常的，他的修行方式是“洗心而不革面”。但是，今天他要去办事，最好不要让人产生不必要的反感。

午饭是在宾川县城的一家小饭馆吃的。走进去时，服务员要过来赶他。他大笑了两声说：

“我不是乞丐，我是和尚，拿菜单来！”

一个老板模样的中年男子走到他面前，一只手端了盘菜，另一只手拎了个酒瓶，不怀好意地说：

“大师请用回锅肉。”

“善男子，我佛慈悲，和尚吃素。”他合掌。

“那这啤酒是素的，麦芽酿的。”那人把酒瓶放到他面前。

“我佛慈悲，酒是出家人的根本大戒。”他再次合掌。

“人家济公说，酒肉穿肠过，佛在当中坐。大师，来，喝一口。”

“济公是济公，我是我。济公能吃熟鱼入口吐出活鱼，酒入口吐出黄金，我没有这功夫。”

他要了一碗面条，让店家烫了几片白菜加进去。山上吃什么，山下仍旧吃什么，他从没有“打牙祭”的想法。刚住山时，他想念家乡的臭豆腐、爆米花、地瓜叶……他把这些简易的食物称为“台湾美食”。寺院里的僧人吃穿住行都受居士供养，他不喜欢这样。他觉得别人的供养受久了会让自己心生骄慢。他要自耕自种。他要乞食于大地，乞食于甘泉。他从山下买来种子，在院子里种上萝卜、白菜、豌豆等蔬菜，再买上 108 包挂面，25 斤大米，他便能过上一年。在山上，他通常是不吃米饭的，因为煮饭浪费柴火。面条是他主要的食物，每天，他会从白菜、西红柿、花生、胡萝卜、土豆中任选两样，放进面条里，煮一锅，吃两顿。他会把选上的蔬菜剁得细细的，好让它们显得多一些。每隔一周，他会煮一次米饭，他会到山上摘一些野生的蕨菜炒上，再在院子里掐点豌豆尖，放点紫菜煮成汤。这在他看来就已经相当奢侈，已经是在纵容自己对胃的贪着了。

惟我独尊

从台湾到大陆，缘起于一诚老和尚去中台禅寺传戒。当年一诚老和尚是江西云居山的方丈，而云居山是禅门泰斗虚云老和尚的涅槃地。他仰慕虚云老和尚的高风行迹，便向惟觉长老申请到云居山参学。

到云居山后，他便不再想回中台了。中台禅寺尽管得过建筑奖，但它实在太新，是削掉一片山后靠黄金和惟觉长老的威德建成的，与之相比，他喜欢云居山的古朴。

在云居山，他开始效仿虚云老和尚蓄发、留须、住茅棚。很快，他成了云居山一景。周围的僧侣信众都来看他，大家对他这个台湾来的虚云的粉丝和尚充满了好奇。他亦成了备受争议的和尚。有人觉得他是在继承祖师遗风,有人则认为他只是哗众取宠。

尽管他时常叮嘱自己,切勿诳惑众生、诳惑自己,但他心里清楚,自己越来越活在掌声里。他必须离开云居山。

在《虚云和尚年谱》中,他见到这样一段记载:“渡金沙江朝鸡足山,树下宿,复闻石门内鱼磬声。翌日上金顶各处进香毕,又复起念:佛祖道场,衰败至此,金滇僧规,堕落至此。发愿在山结一庵,以接待朝山者。”

虚云老和尚自称“鸡足山虚云”。鸡足山,位于云南大理宾川县,山势顶耸西北,尾迤东南,前列三支,后伸一岭,形似鸡足,因得其名。下一站便是鸡足山。他要像祖师那样结庐而居,有成就就建道场,没成就就结庐一生。这想法令他兴奋不已。

他在2005年10月来到鸡足山,随身带了一个蒲团和两百块钱。他在迦叶尊者守衣入定的华首门前顶礼膜拜,并未发现任何异相。有人告诉他,昔日的铜佛殿及太子阁都在“文化大革命”时被毁了,现在所见是1980年重新修复的,所以没了灵气。他坐到华首门外铜佛殿下的一个平台上打坐,也不说话,见到抽烟的,他就用三个果断的手语动作示意别人把烟灭掉。一个人不可能认清另一个人已然修到何等境界。人们给他拍照,他不躲,也不睁眼。标准的禅师架势。惟我独尊。

木香坪的蝴蝶

从宾川县城再坐十八块钱的中巴车，便到大理。大理街头，灯红酒绿。酒吧客栈，轻歌飘荡。他感到自己被干扰得厉害。“我看见了这个，我看见了那个，我喜欢这个，我不喜欢那个”，即便街边的广告也能让他触景生情，念头涌动。对城市的一切，他仍然敏感。他知道，这是自己过去的习气，这些微小的习气在山上不易觉察，每回下山却又显现出来。他发现，所见的内外诸境，都是“我”的异名，沉醉而不自知。

下山也是一种借境修行，可以开悟自心。他想。

他在一家便宜的青年旅舍住下。久居山林，他已不习惯软枕暖席。佛制《沙弥十戒》里说“不坐卧高广大床”。他在椅子上盘腿打上莲花坐，开始诵念《菩萨戒经》。

旅舍老板送了壶水进来。老板说，在网上看过他的视频。视频是登山的驴友偶然造访他的释子茅棚时拍的，起名叫做《木香坪的蝴蝶》。在那段五分钟的视频里，他表演了自己独创的配合唱诵的舞蹈。

“师父，你居山住茅棚，佛教协会有没有发工资给你？”老板问。

“没有，我跟你一样是个自负盈亏的个体户，但我搞的是心地发展研究，自愿帮迦叶尊者打工，没有酬劳，但不愁吃穿，要不要跟我一起工作？”

“不了，前段时间我股票被套了不少，而且还有一家老小要照顾。”

“股票被套心情如何？”

“师父啊，当然是希望明天涨回来，明天没涨，就期望后天……说穿了就是欲望纠结，明知如此，总是有一股无形的东西引导着，还有我发现有两个自己，一个是虚假的，一个是真实不动的，有一天我如果找到真实不动的自己，就到山上找你了，可是这样的念头维持不久，又会随着无形的东西的牵引，真是苦啊！”

“原来如此，我跟你一样也买空卖空，但不为股市行情让自己的心情上下波动。通常我将开心的‘菩提股’买进，将烦恼的‘不安股’抛掉。开心及烦恼本性是空，既是空则不随他所转，富贵在天皆由前定，只有修行积德，方能改变命运，否则就随前业所定，等你想通了，我还有一个无价的‘安心股’等着你呢。”

“多谢师父开示。”说完，旅馆老板乐呵呵地走了。

事实上，他对别人的开示，也是对自己的开示。终日面对内心世界，他也看着自己那些念想、欲望、冲突……慢慢地生起，慢慢地消灭。

好几次，他都有过下山的念头，但每次当他收好东西、准备下山时，他都会突然听到林中的小鸟“不咚、不咚、不咚”的叫。他想，小鸟是在触动他的悟门，跟他说：“不动、不动、不动。”

多少个夜晚，他在山顶“独坐大雄峰”，眺望大理古城的灯火阑珊。而现在，他身处这灯火阑珊之间。

他收到那个拍《木香坪的蝴蝶》的居士给他的短信——“大师，孤独寂寞？”

“白云青山是我友，佛陀是吾师，诵经打坐是心灵食粮。你呢，怎么样？”

“生活还可以，但总觉得闷闷的。”

“人的念头有生住异灭，你闷闷的念头何时升起？想一想？”

“师有清凉剂，可借来用用否？”

“只能教汝法，不能借。”

“学生请教。”

“至诚礼佛得清凉，愿诚行真是佛子。”

“回来了，是清凉。”

“真的清凉？怎么这么快？”

“真的，一念间。”

“一念是什么？”

“生命。”

刹那而已

《鸡足山志》里，木香坪叫夏王峰。平均海拔三千二百米，草甸方圆千亩。山上曾盛产一种叫做“木香”的药材，所以也叫木香坪。他不知道木香什么样。据说，十几年前，木香坪就没了木香。有人收，有人挖，木香还没落子，十里八乡的人就来挖，终于挖绝了。

上到木香坪的那一刻，他心里便生起了强烈的归宿感。这里人迹罕至，除了美丽，便是寂静。

他找到了木香坪的守山人老李。老李在山上十六年了，木香坪是他所承包山林的一部分。他说自己想在这木香坪里住山修行。老李说，好呗。

老李帮他搭了个简易的帆布棚子，用木板支了张床，还搬了块大石头到棚子里给他打坐用。那时候，他对住山的生活还不熟悉，只知道每天在石头上打坐，不懂得备干柴。雨季来了，接连一个月的雨，每天随着冷风飘进来。入夜，气温骤降。潮湿的空气侵肤透骨，五脏六腑都冷。老李给他的那条被子阴冷潮湿，床面铺的软草则散发着霉臭。刚开始，他还有高山反应，呼吸急促、头痛欲裂、胃部翻腾……他知道，这是对他决心的考验。

他也不烤火，他的目的是先将自己的生存条件弄到最低，让自己的心不安住在生活上。他记得寒山大师的话——佛法要往苦处修。渐渐地，他适应了高山反应，也懂得晴天时带上锯子，找些枯死的树木，锯成柴禾备着。第二年，老李运来了空心砖和石棉瓦，给他盖了现在的房子，门窗是别人拆迁不要的，椅子也是。想想过去风餐露宿的祖师大德，他有三间屋子，已经很幸福了。

木香坪上，夏天烟雨连绵，大雾满山，上百种野花满坡满岭，自由开放。冬天雪花飞舞，白霜敷地。终日云海变幻莫测，气象万千。他已不再惊奇于自然界的变幻，也不再联想。在他看来，自然界的美都只是同体的异形，因缘成水，因缘起云，刹那而已。

山能居住，水能活命，无所谓山光水色之美。不看山，不看水，只看自己的内心。云不留定处，水不住定相，如同他头陀的生活。来则来，去则去，隐则隐，现则现，自由自在，顺应自然。

渐渐地，有一些和尚、道士和居士发心来鸡足山住茅棚，来来去去，或长或短。

在修行并不等于有修行。物质条件的改善并不能给他带来内心的平安。他清楚自己仍是身心不净的凡胎，种种世间的习性都会在这寂静的旷野中现前。

想到最后，会想女人。闭关久了，能量郁积，满而强的时候，他便会“一柱擎天”。最初，他不知道如何解决，只是眼巴巴地望着它挺在那里，苦不堪言。他知道如果没有智慧去将它转化掉，它就会变成“积火”，烧坏他的心智。他是从香车豪宅美人过来的，他体验过那种欲望被满足时的美妙。尽管现在的生活和当初有如光年之隔，但潜意识中隐藏的淫欲仍叫他惶恐不安。

他发现用念“三皈依”来度化自己的淫念是一个很好的方法。每当它“顶天立地”时，他就对着它念——“皈依佛，皈依法,皈依僧。皈依佛两足尊,皈依法离欲尊,皈依僧众中尊,皈依佛不堕地狱,皈依法不堕饿鬼,皈依僧不堕傍生,皈依佛竟,皈依法竟,皈依僧竟……”一直念到它抬不起头来,软下去。

他的身体是敏感的,即使只是泡泡脚,也会因为血管畅通,觉得舒服而漏丹(遗精),而如果漏丹,修行也就白修了。因此,他害怕女众,害怕见到她们的身体,遭遇她们的眼神。为了打消她们“配合修行”的念头,他常年蓬头垢面,从不洗澡更衣,他身上散发的异味只为熏走她们。

非法居留

他四处写信,别人也给他回。他收到过大理州环境保护局“关于对释见宽法师反映问题的答复”的回信;收到过文化部“文化部办公厅群众信访事项不予受理告知单”。他并不在乎这些部门是否会处理他所提的问题,他的目的只是证明“鸡足山释子茅棚区”这个地址的存在。

翌日清晨,他很早起来,政府八点上班。他在路上买了点豆浆,想除除虚火。办公大楼前,他因为被误认为是乞丐而让门卫感到紧张。他说,别怕,我是鸡足山的台湾和尚,进去问点事情。

台办的人对他很客气,给他倒茶。他拿出戒牒和台胞证给他们复印。

“您这请求好像不归我们管,要不您到统战部问问?”台办的人笑着对他说。

统战部的人对他也很客气，给他倒茶。他拿出戒牒和台胞证来给他们复印，对他们说：

“台湾人太顽固，这么久都统不了，我抛砖引玉，是主动送上门来让你们统的。”

“您这种情况，之前没有先例，我们也没办过，要不您到外事科问问？”统战部的人笑着对他说。

“作为和尚，你该回到寺庙里，这样也好方便我们管理。”外事科的人笑着对他说。

“不要以为寺庙才有修行。”他有点生气。

“好吧，在哪里修行我们不管，不过，超过签注日期就是非法居留，每超过一天罚一百块钱。你稍微学习一下。这里有三个问题你要注意：一、台胞证的有效期；二、签注的有效期；三、你换台胞证可以去北京、上海、重庆、厦门、深圳，厦门你比较熟，重庆离云南比较近。至于你要办定居的请求估计现在还无法满足，因为对外国人才能办定居。对于台胞，只能申请把现在的往来签证改成居留签证。关于加入大陆户籍的问题，我们可以帮你向上面反映……”

一场梦，一场梦

一念之差，他顺着溯流而上的山谷，爬上了没有尽头的险崖。他饥肠辘辘，口干舌燥，在树下边打坐边休息。顺治皇帝说，来时糊涂去时迷。他发现自己竟然来到了昨天下山时迷路的地方，这地方原叫大和树，是当年虚云老和尚从大理朝鸡足山之路，现在改名叫了母猪山。

白昼已过，该问的都问了，办得成办不成都顺遂因缘。他只想连夜赶回木香坪。昨天他心里响起晨钟，此刻他心里响起晚钟。

他从背筐里拿出那块被他称之为“心板”的竹板，手指在竹板上滑动，心里的梵音在风中吟唱，和着他的喃喃自语——“一场梦，一场梦……”

一个人的寺院

“愚公是把山移掉，而我是把山改成寺庙。”

——释妙法

渡轮笛鸣

屋子突然间暗下来的时候，释妙法知道，台风又要来了。

五分钟前，这位明心寺方丈还坐在斋堂的大圆桌前，吹着微风，望着大海吃枇杷。他觉得今天天气不错，天高云淡，午后的阳光照在身上格外舒服。他刚才还听到了几声渡轮的笛鸣，是从对面码头传来的，隐隐约约。

这声音让他想起延忠，他不知道这个去五台山朝佛的徒弟今天会不会回来。渡轮连接着闽江入海口这个叫“壶江村”的小岛和对面福建连江县的头镇。每人七块钱，一小时一班。

释妙法站起身来，此刻，乌黑的水云已经遮了满天。带着呜呜声的风从岸边的水草上呼啸而过，绿色的水草开始学着像海浪一样往复翻滚。

今天谁都回不来了，他想。一到这样的天气，壶江村便成了名副其实的孤岛，进不来也出不去。有人曾建议修座大桥，不仅可以从琯头直接开车回壶江，而且还风雨无阻。但这个提议很快遭到了岛上阿婆们的反对，她们觉得那样不安全，如果有坏人在岛上偷了东西，很容易跑出去，而且她们不喜欢汽车。

一如往常，释妙法总是在台风来临之际特别忙碌。这座迷宫般的明心寺有八十多扇门窗迎着暴风雨光临的方向。寺院凿山而建，每间殿堂都大小不一，洞中有寺，寺中有洞，层层叠叠，错落无序。在这个依山傍海的小岛上，台风能轻易地将山上的草木连根拔起，不规则的布局正是为了化解台风的力量。释妙法疾步如飞地在自己开凿的台阶上行走，上上下下检查那些窗户是否关好。山洞里凿出的寺院有些湿气逼人，每逢外面大雨滂沱，殿堂的石壁上更会渗出水来。这几年他的腿越发痛得厉害了，那是风湿带来的。

台风来得快，去得也快。当他把那八十多扇门窗都检查完毕后，咆哮的风雨也就停了，像跟他捉迷藏一样。风雨声停止以后，他又打开窗户，整个空中残留着暴风雨过后泛起的雾水，雾水落在他的脸上，落在一望无际的海面上。充满海蛎子味的风从海面上吹来，风把雾珠吹进他的眼里，使他好像触了电一般身上一阵惊悸。年复一年，他已经在这里住了三十年，明年他就七十岁了。

了生死

他不是本地人。1939 年 4 月他出生在壶江附近的一个小村子里，父亲给他起名叫做黄建密。八岁开始为家里放鸭子，十七岁时，母亲得了一种叫“胃鼓胀”的病死了，他便跟着做泥瓦匠的叔叔来到壶江，算是学徒。三年后，他成了壶江村一名正式的泥瓦匠。为求得温饱和生存，他四处奔波。有一次，一所岛外的寺院请他去修缮佛堂，僧人们诵经的声音让他心情舒畅，每当木鱼声响起时，他甚至觉得自己手中的锤子也是一种法器，应该敲出相呼应的节奏。从那以后，只要是寺院里的活计，就算钱少，他也愿意去。日度三餐、夜度一宿，就这样，他过着普通泥瓦匠的生活，并在叔叔婶婶的介绍下，娶妻生子。

开始修明心寺的时候，他既没有出家，也没有想过要出家，但他隐约地知道这事跟菩萨的引导有关。

那是他三十五岁时做的一个梦。那个梦，他以前没做过，以后也再没有做过。在那晚的梦境中，他被一只蹦蹦跳跳的青蛙领进了一座山洞，洞口很小，里面很深，洞的最深处有一座观音菩萨的塑像，一个声音在洞里响起：如果你有信心，会比我做得更好！

醒来后，梦境便开始在他脑袋里挥之不去。“如果你有信心，会比我做得更好！”这句话总在他耳边响起。他开始怀疑是不是真有这个洞。

他问了很多当地人，岛上是不是有什么洞？有个村民告诉他，旗山上有个白土洞。

在一座陡峭的山崖上，他找到了那个白土洞。他发现洞口与梦中所见一模一样，洞里冷飕飕的，还有蝙蝠，只是洞的面积比梦境中的小了很多。他感觉到那只青蛙带他到的应该是洞壁之后的地方。

他决定在这里安家，因为他坚信这个梦是个预兆。老婆孩子跟着他在山下搭了一个竹棚，吃住都在竹棚里。每天上午，他背着凿、锥、斧等工具，沿着陡峭的山岩，徒手爬到白土洞。洞里的石头很硬，他用锥子慢慢地敲打岩块，将洞穴一尺一尺地凿深。从那时起，他手掌上的水泡就再没断过。他把绳子的一端绑在山顶的树上，另一端绑在腰上，让自己吊在半空中开凿。下雨时，他把塑料袋裹在头上，为眼睛和嘴抠出三个洞，继续开凿。他时常分不清哪些是雨，哪些是汗。

开山不久，"文化大革命"便来了。尽管远离连江县城，可各种殿堂被毁、和尚还俗的消息还是会不时传到这座孤岛上。这些消息并没有令开山凿壁的活计停下来。没有人知道他要开凿的是佛寺，而不是梯地，连他自己也不知道。

白土洞被凿出间大屋之后，他便带着妻儿从山下的竹棚搬了上来。他在洞里偷偷放了张观音菩萨的画像，带着妻儿每日磕头供奉，并给新居起了个名字叫"居士林"。他开始在家中吃素，早晚诵经文。经文是他原来在寺院里干活时生生听会的，他并不知道其中的意思，也不知道自己背诵得是否准确。他没上过学，不识字。他没有师父，没人给他讲过经、说过法，但每当自己虔诚地诵经时，他都会感到心里异常的平静。那时候，妻子已经给他生了两个儿子和一个女儿。看着他的变化，同样信奉观音菩萨的妻子有一天对他说，你自己这么瞎念经算什么入佛门，不如找个寺院皈依好了。

他想了想也是，便出岛去了附近的梵音寺，那是他原先干过活的寺院。那时"文革"尚未结束，寺院里还贴着各种标语和大字报，和尚们都跑光了，好在方丈悟道和尚还在。他告诉悟道和尚自己想出家，这让悟道和尚既惊讶又感动。悟道问他为什么。他说，我想了生死。悟道便给他受了具足戒，赐法名释妙法。就这样，他成了一名出家人。

在梵音寺待了一年以后，他回到了壶江。妻子本以为他只是皈依佛门当个在家修行的居士，可没想到他却当了和尚，成了彻头彻尾的出家人，便跟着刚好出嫁的女儿去了福州。

释妙法再次躺在居士林的床铺上时，他成了一个人，望着头顶的岩石，“如果你有信心，会比我做得更好”的声音再次回响于耳边。

他许下一个愿：继续凿山，凿出一个寺院来。

晚上他都躺在床上构思着如何依山就势，把寺院临空延伸出去，每当那些奇妙的想法涌现时，他就马上爬起来，把它们画下来，然后随手贴到墙上，白天修改完再一锤一锤地把它们实现。一处做完，他脑袋里马上开始设计下一处。水泡再次持续地出现在他的手掌上。尽管他已是出家人的身份，可他从不向岛上的人化缘乞食，谁家需要泥瓦匠，他依然去做工挣钱，自己养活自己。没活儿的时候，他继续凿他的寺。

整整十年后，寺院的雏形终于在他的手中完成了。每层建筑都巧妙地利用了山形地势，里面迷宫般得曲折幽深。没人比他更熟悉这里的地形，每一寸地方都被他左思右想利用起来，连一个拐角，都不放过。每当有人批评他毫无章法地乱修时，他总是朝别人笑笑，然后耐心地解释台风和建筑之间的关系。

1980 年,连江县宗教局正式为这座寺院定了一个名称:明心寺。在接下来的几十年里,他又不断地将寺院修葺、扩大,将原先面积五百多平方米的寺院,扩大到现在的一千五百多平方米。日复一日,他一心想的还是继续修缮明心寺,建客堂、堆假山……只要一提起开山建寺,他便全身都是力气。大工程没条件搞的时候,他就在寺院中自己搞装饰,做家具。他用盖房剩下的水泥做成了大殿中的花瓶架子,外面涂上一层漆,做得跟木雕一模一样。有人问他为什么不直接挖个树根,他说树是有生命的,是有情的。

在地藏菩萨的侧殿里,他搞起了自己的“浮雕”。他找来一些过期的挂历,把上面的瀑布、亭子、竹林甚至花花草草细细致致地剪下来,东一点、西一点立着贴到墙上。他在墙上画了一座小桥,桥的前端立了个他剪下来的观音菩萨像,桥的后端立了个披着红色袈裟的老和尚像,那是从他自己的照片上剪下来的。“我要跟在菩萨的后面,一直走到西天去”,这构思令他很骄傲。

每天一大早,他总是独自上完早课,吃完早点,便开始有条不紊地开展各种修建的工作。不到万不得已,他是不请帮手的。“三千大千世界,无一微尘,不是菩萨舍身命处”,《大乘经》中的话鼓励着他去大施大舍、难忍能忍、难行能行,发愿为众生牺牲自己的一切。在他心里,这是他的大苦行,是他的菩萨行,是个细水长流的大工程,没人催他的进度。

有时候，妻子会和女儿一起回来看他。后来，女儿有了儿子，也会把外孙带来看他这个当和尚的外公。外孙告诉他，每天上学前，妈妈都会让他对着菩萨拜三拜。他也会带着这过去俗世中的一家人登上寺院的最高点，俯瞰大海。每当这时候，他会想起自己的那两个儿子。十多年前，他们像大多数这个地区的年轻人一样，偷渡去了意大利，先是在餐馆打工，后来开上了制衣厂。他不知道意大利在哪里，只知道在海的另一边，一个遥远的地方。五年前，儿子曾给他寄了十万元人民币资助他修寺院。

居士的家

居士们对释妙法很敬重，都叫他“师父”。

她们感激他用双手凿出了这明心寺，感谢他每天带着她们在这里做早晚课。

壶江岛上的居士几乎全是女性，她们的丈夫、小孩几乎都出了国或年复一年地试图偷渡出国。在很长一段时间里，偷渡的价钱是一万八千美元，所以，外面的人也称她们为“万八婆”。壶江村的人早先也是靠捕鱼为生的，那时候陆地少，房子小。也不知道从什么时候开始，渐渐没人打鱼了，年轻人也越来越少，大家都往国外跑。家里没人在国外在这里是被人看不起的。那些背井离乡的人挣到钱后要做的第一件事就是寄钱回来修房子。房子是壶江人的脸面，也是妻子和母亲们的盼头。不过，现在偷渡也越来越难了，蛇头们的统一价是七万美元，两边的政府也打击得越来越严。

亲人们跑去了国外，不甘寂寞的阿婆、大嫂们便把明心寺当成了自己的家。她们很多人一整天都待在这儿，大家轮流做中饭、晚饭，一起念经诵佛祈求海外的亲人平安。她们在一起时，会不停地讲话，会从口袋里掏出自家小孩从国外寄来的照片，讲自家偷渡出国的故事。她们能把各种细节和来龙去脉都讲得清清楚楚，就像是自己的亲身经历。这时候，释妙法也会想起他那两个儿子。他不清楚他们是怎样去的意大利。儿子们出国的时候，他已经出家多年。他觉得家里那些事已经跟自己没了关系，所以也没像其他家长一样去帮儿子们借钱。不过，当女儿跑来告诉他，哥哥们将在什么时候出国时，他还是在大雄宝殿里虔诚地为儿子们念了好几天的经。

殿堂可以自己用锤子凿，佛像、牌匾和一些法器还是需要在外面买的，但他从来不出去化缘，也就没钱买这些必需品。好在居士们都愿意捐。岛上谁家有人要“走”，就会请他念经。如果成功，就会捐些需要的东西过来还愿。而那些已经偷渡成功的人，过了很多年，都会请律师帮自己拿个难民身份，他们的家人会把打官司的信息写到一张红纸上，送来这里，如果成功，也会捐些什么过来。

释妙法知道，没有这些居士，也就没有这明心寺。

骗子的把戏

明心寺开始变得有名起来。一些路过此地的游客也会来岛上看看这座迷宫一般的寺院和他这个徒手凿寺的老住持。他们说他是“愚公”，可他说：“愚公是把山移掉，而我是把山改成寺庙。”

2004 年的时候，他收到了一封信，通知他去北京开会，这让他感觉很意外，北京没有相识之人，怎么会有人请他去开会？居士们都分析说这恐怕是骗局，劝他别去。可他觉得自己一个出家人有什么好骗的，而且那邀请函还盖着公章呢。

不过直到他从北京回来，他也没搞明白，是谁请他去北京参加了这个“全国百名当代创业精英”的会。反正回来以后，他就经常收到一些文件，有“世界华人交流协会”请他当理事的，有“中国管理科学研究院企业发展研究中心”聘请他当客座教授的，有“中国国家博物馆”通知他明心寺成为了全国认证的“最具有历史价值的人文景观”的，有“中国精神文明大典”说他得了个人业绩“金奖”，通知他去领的……

尽管也算是一个寺院的住持，可他没念过书，没上过佛学院，也没跟师父好好学过佛，在过去的几十年里，他一直为自己是一个只会修房子、不会讲佛经的半路出家的和尚而感到难为情，所以他拼命想把这明心寺建得越来越好，至于修成什么高僧，获得什么荣誉，是他从来不敢想的事情。可突然间，这些他从未听说过的组织请他当教授，给他颁金奖……各种匪夷所思的荣誉装在信封里被邮递员带到了这个小岛上，带给了他。

那些盖着红色大公章的文件让他很兴奋，为了让大家跟他一起分享这些快乐，他决定把这些代表着“荣誉”的文件复印、放大、加框、挂到墙上。

“荣誉”来了，记者也来了。有一天，从岛外来了两个年轻的记者，说是慕名来的。

记者们的眼睛沿着墙看去，墙上那些被放大的“荣誉”似乎并没有引来他们的敬佩。他们说，这些东西都是骗子的把戏。这句话让他有些不安，并且有些害怕。他怕这些外面来的年轻人会告诉他一些他不想知道的事情，这样一来，他在居士们心中树立起的光辉形象就会一落千丈。

记者们的话显然没有游客和居士那样友好。

他们问：师父，您作为一个出家人，为什么要在寺院里贴这些俗家人才在乎的东西？

这问题让他的心一下跳得厉害起来。他感到他们正在笑话他。他低下头，像犯了错的小学生一样看着自己脚上那双快被磨平了的塑料拖鞋。他从未想过会有人问他这个问题，居士们天天都来，墙上的那些东西，很多都是她们帮忙拿去琯头镇做的，没人问过他这个问题。所以，他一时间也不知该怎么解释。

“我承认，这是我性格里的缺点。”沉默了好一阵，他抬起头，向年轻的记者说。

一个徒弟

明心寺越修越大，晚上居士们闹哄哄地离开后，寺院便立刻变得无比的冷清了。

他走进自己窄小的卧室，把脚从拖鞋中抽出来。他给自己倒了杯水，然后关上灯。他通常都会在床边静坐一下，在黑暗中想想今天做了什么，明天要做什么。他从床头柜的抽屉里拿出唱佛机，扭开开关，黄色的小盒子里传出大悲咒的声音。睡觉前，他总会听上五分钟，这能让他的心平静下来。

那个简单的愿望在他心中萦绕了很多年了：收一个能跟他一起继续建寺的徒弟。

他一年比一年老了。

那天，他给弥勒殿的房梁刷油漆，结果摔了下来，昏了过去。醒来后，他发现头的后部开始有些疼，一阵阵地眩晕，浑身一点力气也没有了，骨头也好像散了架一般，连支撑身体的劲儿都没有了。他靠在梯子边发誓永远不再爬高上低了。可是第二天，醒来之后，他还是接着干。他心里也清楚，无论发誓与否，他都停不下来。他习惯了劳作，不干活会觉得累。

他发现找一个实实在在做事的徒弟比他几十年来凿明心寺还难。他那个收徒弟的愿望一次次被海风吹入海中，飘散了。

岛外的和尚倒是常来，但他们更热衷于游山玩水。他们称自己是游方僧，不是苦行僧，岛上如果有什么法事做，他们倒是可以住久一点，但收入是要分些的。他们得攒够路费，再到其他地方去。他们都对他一个人凿出的寺院表示赞赏，但他们都觉得和尚的功课应该是化缘，然后请工人来修，不必亲力亲为，所以也从不跟他去扩建什么寺院，上完早课念完经，他们就坐在他为居士们修的大厅里看电视，直到居士们把饭菜做好，端上桌，才会打着哈欠动筷子。这还算好的，有一次，来了个和尚说自己的师父病了，要动手术，是来化缘的。释妙法就给了他一百块。没过多久，又来了个操着相同口音的和尚也说他的师父病了，要动手术，释妙法又给他拿了 50 块。再后来，隔三差五总有和尚来说他的师父病了，要动手术时，释妙法只能给十块钱了。一个和尚拉着脸说，往返的渡轮费还要十四块呢。

人上一百，形形色色，出家人也一样。他已经习惯了各类和尚，并不生气。可居士们都劝他不要再给这些穿着“工作服”的和尚钱，因为他们都是来“打秋风”的假和尚。他说不管是真的还是假的，佛门弟子都要“积善不已，不怀憎恨”，都要有慈悲心。少给也是给，这叫“一文一功德”。

他记得那是个雨天的下午，身材不高、酱色皮肤、浓眉大眼的延忠敲开了他的寺门。这个年轻的和尚穿一件褐土色的僧衣，肩上已经淋湿了。

延忠是个踏实谦卑的和尚。在听完明心寺的来历后，延忠的眼眶流下泪来。他说，师父，我来做您的徒弟，跟您一起修吧！

延忠很勤奋，不爱言语，也不和居士们聊天，每天除了跟他一起干活之外，就是诵经读书。他从来不看电视。延忠的褡裢里有好几本经书，经书旁有很多评述，释妙法翻了一下，发现自己一点也看不懂。延忠的态度让释妙法十分感动，他觉得自己终于可以安心了。

可大概一个星期后，延忠说："师父，我想去五台山朝一下佛。"

释妙法心里咯噔一下。他不知道该怎么挽留这个徒弟。他跑上楼，从卧室的柜子里拿出仅有的一千五百块钱，对徒弟说："早点回来"。

晨光

凌晨四点的时候，释妙法醒了。他躺在床上想了想林婆送来的红帖，那上面写着林婆在美国的儿子下个月开庭的时间、地点和律师的名字。如果官司顺利，林婆说放在客堂里的菩萨像由她来捐。

十分钟后，他来到大雄宝殿，把林婆的帖子放到释迦牟尼像前，念了一遍《楞严经》。

早餐照例是在斋堂吃的，今天的胃口不错，他吃光了前天晚上剩的豆腐和玉米炒饭，还喝了盒居士们送来的牛奶。来到客堂工地的时候，太阳正从海面上慢慢地升起，他今天计划把工地整理一下,昨天下午的台风把这里弄得一团糟。凌乱的工地笼罩在金色的晨光中。他看了看客堂上面的山坡,他最后的工程是在那儿修一座佛塔。他希望自己圆寂后,自己的骨灰能放在那塔里。从那个位置,他能看到海天相接的地方,能看到日出时遥遥射出的缕缕金光,能看到新的一天照亮壶江岛,照亮他的明心寺。

The

Way

Of

Life

“所有现在活着的人，一百年后都将死去，这就是无常。”——汉娜

那年，她四十岁

1991 年，尼泊尔，珠穆朗玛峰下。

汉娜没睡好。

在灰暗中醒来时，帐篷外的星星还在闪耀，白昼在不远处的珠穆朗玛峰也只画了一抹淡淡的亮光。

她感到有些头痛，嘴里有一股干渴苦涩的味道。她不清楚是因为海拔的关系，还是因为临睡前读了那本书的关系。

她睁开双眼，不知怎地坐了起来，睡意消失了。她打开手电，又翻了翻那本叫做《佛陀的指引》的书。作者是加德满都克潘寺的仁波切（意指藏传佛教大师），叫 Choyi Nyima。她在加德满都著名的“Kailash Bookshop”闲逛时买了它。

触觉带来感觉，
感觉带来欲念，
欲念导致假象和虚幻，假象和虚幻导致迷惑
迷惑的结果，
为则有生，
生则有衰老和死亡。
所有现在活着的人，
一百年后都将死去，
这就是无常。

当汉娜把这几句话念出来时，她感到自己有些激动，手指在微微发抖，心里似乎有什么东西在爆裂，波流般从她心头渐渐地汹涌上来，塞住了她的喉咙，窒息了她的声音。她合上书，走出帐篷。天已渐明，鲜红的晨曦染红了远处的珠穆朗玛，她直勾勾地对着那里发了一会儿愣。

所有现在活着的人，
一百年后都将死去，
这就是无常。

汉娜默念道。她能感到有种东西正试图穿透她。

一个念头伴随着晨曦的隐去而渐渐来临。

那年，她四十岁。

同一个梦境

1999年，德国，伊德施坦。

有些地方是陌生的，有些则很熟悉。汉娜又一次路过这里，加德满都的佛塔广场。那个穿红色纱丽的老板娘还在，汉娜看见她把一小罐米倒进一个苦行僧背上的小口袋里；桑德林寺门口提醒里面有狗的告示牌还在，牌子下那个戴着卡西欧电子表喜欢找外国人说英语的老喇嘛仍然坐在那里晒太阳；佛塔上那双象征着释迦牟尼的眼睛还在；她看见自己在沿着围墙转经,跟在一些表情虔诚的悟道者后面……

八年了,从尼泊尔回到德国后,汉娜经常在同一个梦境里醒来。

汉娜在伊德施坦已经生活了四十八年,从出生到现在。这是个只有两万多人口的小镇,靠近法兰克福。这地方既谈不上什么荒淫放荡、声色犬马,也谈不上什么新的期望、新的幻灭。每一个男人和女人,每一个老人和婴儿,都按照大家熟悉的常规来行动和做人,也不冲破任何的墙,也不跟任何人意见不同,也不标新立异,也不危害教堂里赞美诗的歌声平稳不断地流动。明天同昨天和今天一样。

八年了,汉娜的睡眠一直不好。一闭上眼,加德满都便总是在她眼前浮现出来,像是一部启示录电影一样映出:白色的雪山,绿色的森林,红色的喇嘛庙,黄色的街道,灰色的佛塔,佛塔上黑色的眼睛……

她躺在自己那张松软的大床上,想象着自己的身体飘上了天花板。她感觉自己正在飘过房间里的每一件东西:过道上的每一块地板,栏杆上养花的木桶、柜子、书架,甚至书架上那些她喜欢的小说……它们似乎慢慢地使汉娜失去了平衡,但她努力着让自己飞越那栋年轻时与丈夫一起设计、兴建的漂亮房子。她飞到小镇的上空,她突然觉得自己生活在一个陌生的地方,尽管她的眼睛熟悉它们。

事实上,自从那次在珠峰下被某种强烈的情感召唤过之后,汉娜每年都会回到加德满都度过自己短暂的假期。她已经不想去其他地方旅行了,都没什么吸引力。只有在加德满都,她才觉得很快乐。

汉娜不确定自己是否真的快乐过。这么多年来,她一直在不断地寻找着心灵的快乐。父母过早地离开了她,为数不多的亲戚早就没什么来往了,唯一的那段婚姻是在还没来得及留下子女的状态下结束的,离婚时,丈夫把房子留给了她。那时,她才二十六岁。

在过去的几十年里,汉娜一直在一家大出版社里做着编辑的工作。书籍的世界是丰富的,而编辑的生活却是单调的。书看得越多,她就越能感到一种无可名状的力量从四面八方向她挤压而来,她就越能感到生命的匆忙、苍白和千篇一律。这使她感到越来越窒息。

过不了多久就是圣诞节了,平日里空旷的街上也有了些人。汉娜是圣诞节那天出生的,可她既不过圣诞也不过生日。Party 这种活动从来就没引发过她的兴趣,基督教也从来没在精神上给过她满足。婚礼、洗礼、葬礼,教堂里进行的只是一种习惯性的生活而已。生日则更是该用来哀悼的,而不是庆祝。她实在不喜欢那些陈腐的仪式——它除了提醒自己生命流逝得如此迅速之外,还有什么意义呢?她像所有女人那样不希望自己变老。

佛书上说:“中道,心不着欲乐境,又不施以苦行,离此苦乐两端而行中道得以解脱。”

没有什么决定性的时刻出现。经过八年的不断酝酿,汉娜决定将自己的心彻底向另一个世界打开,她要去加德满都学佛,她要去那个能够帮助她修行的城市。

本来还有财产之累,但现在完全消除了。她决定卖掉自己的房子,以应付接下来的费用。

她没有撇下谁。很多年了,她一个人生活,一个人做着所有的决定。

但完全做到做事不与人商量是不可能的。她可以把房子卖掉,可房子里积攒了几十年的东西呢?难道都卖掉吗?还是都搬到加德满都去?临行前她还是给前夫打了一个电话。他们一直都有联系,他是她唯一的朋友。

“我要到另一个城市去。”

“哪儿?”

“到加德满都去。”

“去那儿干吗?”

“学佛……”

既然她已经决定了,除了接受房子被卖掉的事实和寄存东西的要求之外,他又能做些什么呢?在前夫的眼里,汉娜是一个表面看起来不声不响,想问题懒洋洋,而骨子里有一种根深蒂固的自私的女人。尽管如此,一直以来,他都还爱着她。他心疼这个性格固执、想法怪异的女人。而现在,他比他能想到的还要悲伤。

天堂风景

2005 年,加德满都。

汉娜住到加德满都已经五年了,她现在是加德满都大学佛学院的留学生,再过半年,她就毕业了。

这是像其他早晨一样的一个早晨。没有电视,没有收音机,也没有任何温柔的音乐,但汉娜总能听到很多声音。那是周围几家寺院里各种法器的声音、喇嘛们此起彼伏诵经的声音、街上汽车喇叭的声音、邻居家狗叫的声音……这些声音混在一起非常好听——汉娜乐于被这样的声音吵醒。

汉娜起身走进厨房,从冰箱里取出一袋吐司面包,放了两片到烤面包机里,她能闻到它们在面包机里散发出的香味。加上一碟黄油,一壶绿茶,这是她简单的早餐。从书房的窗户向外望去,汉娜能清楚地看到佛塔上那双标志性的眼睛,佛塔的正方塔身象征土地,圆顶象征水,上方的眼睛是开悟的层级或象征火,上面的伞象征气……她已经熟悉了关于佛塔的一切。

一朵朵云彩在佛塔上空泛起红光。

她学会了如何让自己处于一种完全宁静和放松的状态,学会了如何将自己和周围的环境隔离,让心意释放如鸟一般飞翔,然后看到自己的过去、现在、未来,如同云般飘过眼前。

不过,藏语和佛经的学习却要比想象中的枯燥且吃力。

三年前，她开始学习藏文。她想把那些美妙的佛教哲学翻译成德语。可她发现，多年的修行虽使她变得越来越坚定和顽强，可岁月的流动也在使她的记忆力慢慢逝去。

汉娜的头发越来越短了，比有些懒得剪头发的喇嘛还短。买的衣服也大多接近喇嘛袈裟的颜色。暑假刚过，学校还没有开学，她打算到佛塔广场边上那家叫做“天堂风景”的餐馆吃午饭。她换上了那件褐色的尼泊尔式套装。不过，她心里有数，心中的颜色与自己身上的颜色并不完全一致，还没有达到清心寡欲。有时候，她甚至会逃课，只是躺在床上悄无声息地静听发自内心深处的声音。

狭窄的街道上，横七竖八地躺着一些狗。汽车喇叭响起时，它们只是用懒散的眼光寻找下一个可以蜷缩一团的地方，而不在乎是谁打扰了它们的梦。有些狗的腿已经被汽车压残了，无力地在后面拖着。从住处到佛塔广场步行大约十分钟，遇见熟人时，汉娜会双手合十，跟人招呼“Namasde”（尼泊尔语，你好）。

在街角的报刊亭，汉娜买了一份英文的《加德满都邮报》。关心时局以了解自身处境，这是各国使馆对那些待在加德满都不想走的国人的建议。尽管那些穿行于加德满都的西方悟道者都把这里当作心灵的归宿，可他们毕竟是外国人。

报纸头版的照片很有趣。那是游行示威者和全副武装的军警们发生冲突的场面。这些日常政治新闻的主角都很年轻，他们互相扔着石块，脸上却流露出嬉笑的表情。

这是一个政局动荡不定的国家,政府内阁几乎年年在换。尼泊尔共产党中激进的一派在1996年宣布退出议会后,建立了反政府武装。在接下来的十几年里,这场所谓的“人民战争”已造成了上万人的死亡。

汉娜经常在路上看见穿着各式军服的士兵,他们神情悠闲地在马路上溜达。汉娜对武器不怎么了解,但她知道那不是什么先进武器。很多士兵手里拿的似乎只是一把简单的猎枪,甚至是一根细长的木棍。街上的掩体也各式各样,有比较固定的瞭望堡垒,也有用一个铁皮围起来正好站上个把人的简易工事。空旷的道路上孤零零站着这么一个铁皮子半截人让汉娜觉得有点滑稽。

没有人喜欢现在的新国王,也没有人不怀念过去的老国王。2001年6月1日晚上,受到人民普遍尊敬和爱戴的比兰德拉国王被坚持自己婚姻选择而丧失理性的王储开枪打死。汉娜不明白为何到了二十一世纪,老国王还要坚持不同种姓不可通婚的习惯,而这位老国王还毕业于哈佛大学。四年后的今天,汉娜仍能不时从她的尼泊尔朋友的眼中读到某种刻骨铭心的痛楚。汉娜谈不上怀念老国王,但她也不喜欢新国王。她觉得新国王在照片上显得有些令人讨厌。

汉娜走进“天堂风景”,点了一份尼泊尔素食套餐和一杯香蕉奶昔。她认识餐馆里那个叫库加的侍者。他年轻又结实,黑色的头发覆在棕色的前额上。他总是从右边上菜,每次都要问汉娜汤好不好喝,菜好不好吃,要不要再来一点。汉娜很喜欢那里的汤，每次都要再来一碗。客人不多时，库加会很有礼貌地和汉娜东拉西扯一番。

库加原来在印度的寺院里当和尚，后来还了俗，回了加德满都。库加不明白学佛的汉娜为什么这么多年都待在尼泊尔，而不去印度学学。

汉娜不太喜欢印度，她去过那儿。拥堵的交通，满街都是无家可归的乞丐们。他们睡在马路上的阴沟边，呼吸着汽车的尾气。这让她很不舒服。

但她挺佩服印度的苦行僧们。他们赤脚、单衣，餐风饮露、居无定所、化缘为生，用肉体之苦体验真理，永远在人世间流浪。他们完全可能是家财万贯的人，但他们摒斥了欲望，选择了放弃，把自己折磨成“空”。那是没有终点的流浪，那是永生的修行。

理解生命与死亡

喇嘛、尼姑、印度教苦行僧、伊斯兰教徒、基督教徒、天主教徒……这里似乎成了人们寻求宗教心灵的天堂。当中东、印巴和北美的异教徒们还在为“圣战”和信仰争论不休、战争不断的时候，尼泊尔的印度教教徒和佛教徒已经和睦相处了几个世纪。没有人会指责释迦牟尼佛的塑像上涂抹了鲜红的蒂卡（Tika），佛教徒会把它看成祈求上天怜悯苍生的表达；印度教教徒也将释迦牟尼当成毗湿奴的化身，顶礼膜拜着。每个人认真追求自我的修炼和生命的圆满,有无信仰或信仰不同完全不是一个问题。

不过,这里同样也是个热闹非凡的俗世。挂着鼻涕长着幽深大眼睛的到处乱跑的孩子们;穿着鲜艳纱丽在庙宇回廊里聊天的妇人;使劲把银饰擦得晶亮的小贩;露出土坯的墙上艳丽的印度女星在招贴画上妩媚地娇笑;在街头悠闲行走的黄牛;年轻人在街心的菩提树下无所事事地闲聊……尼泊尔有着令人着迷的市井生活。汉娜还知道哪些喇嘛和哪些尼姑是假的,因为他们白天出来“化缘”,晚上就脱下僧衣,手牵手地从旅馆里走去泰美尔(Thamel,外国人聚集的商业街)逛夜市。但她又何必在乎这些呢?各人有各人的信仰和生活。

非印度教教徒不得入内。汉娜只能站在帕苏帕提那神庙重金门扉对面的小广场,看成群的鸽子和猴子在庙里庙外飞来扑去。里面如何神圣和庄严,她不得而知。她的目的地是神庙后面的巴格马提河,这里是尼泊尔的印度教教徒的火葬之地,每天有若干荼毗(火化)仪式的举行。

午后炽热的阳光照在巴格马提河上。这是尼泊尔人心目中最圣洁的河,它发源于喜马拉雅山脉,往南流入恒河。尼泊尔的印度教教徒都相信,这是最圣洁的起源和结束。将骨灰撒入河中,河水会带着死者的灵魂去恒河,灵魂可以不用进入轮回,直接送往天堂。

一个死者被剃去毛发,用布裹着,已经放到了一堆木头上开始焚烧,浓烈的烟有些呛人。汉娜远远地看着,没有靠近,她怕打扰亲属的忧伤。尽管是印度教的地盘,但并不妨碍学佛者悟道。汉娜觉得这是理解生命与死亡最好的地方。

黄昏时,汉娜走进杜尔巴广场旁边的库玛丽庙。天井里阴冷潮湿,阳光很少照进来,和外面喧闹的广场完全是两个世界。这里住着尼泊尔的“活女神”。这些银匠的女儿们在两三岁时,经过严格而神秘的程序挑选出来后便终日待在黑森森的屋子里,露出高贵凝重却稚气尚存的面孔被世人朝拜,被游客参观。初潮来时,库玛丽就可以还俗了,而此前,是不可以下楼的。还俗后的库玛丽没人敢娶。曾经的女神,谁又敢娶神呢?汉娜站在天井里,轻轻唤着:“Kumari! Kumari!”沙椤木窗后面依旧是寂静和无声。偶有当地信徒手捧鲜花静静地上去又静静地下来,汉娜是外国人,只能坐在窗下静候。

汉娜不太明白印度教血祭的宗教涵义。一个护佑这个国家的“女神”为何不能左右自己的命运?为什么“女神生涯”要在伴随青春到来的鲜血中终结,而又在另一个女童身上延续?即位的偶然和退位的必然,她的神力都不能决定。

庙内进来了两个五六岁的小男孩,由母亲带着。小男孩不知世事,挣脱母亲的手嘻嘻哈哈地围着天井疯跑,追撵着起落的鸽子。三楼的窗户上出现了一个红色的身影,汉娜抬起头,沉沉的沙椤木窗后,一个红衣女孩,高挽花髻,粗粗的黑眼线一直长入发鬓。小小的身影,只短短的一现,马上又隐去了。

回到家时,月亮已经又挂在了佛塔的广场上空。汉娜有些疲倦。不用在喇嘛庙里上课时，她通常会进行这种游客似的悟道。她已经五十四岁了，但她并不确定自己在加德满都的修行让她的心灵起了多大变化。她数着自己手中的念珠，不让杂念占据头脑。老师说，妄想往往比死亡更具有腐蚀心灵的能力。

她坐在自己的房间里，身边仍然是纸张和书籍。她把目光停留在远处佛塔上那双注视着她的“眼睛”上，因为有着月光和广场灯光的缘故，她仍能看清它。汉娜对它做出一个微笑，淡淡的、超越世俗的，像她学会了的那样。

活佛的烦恼

“在阿弥陀佛的净土世界，一片菩提树叶上可以住下多少得到善果的菩萨?”——第八世巴西活佛

缘来如此

屋里很热，巴西活佛感觉快要出汗了。半小时前，徒弟益西进屋来往火炉里倒了一簸箕牛粪，坐了一壶水，现在，火越烧越旺，壶嘴里的水汽也越喷越高了。

巴西活佛把窗户推开一道小缝，刺骨的寒气便钻了进来，扑到他脸上。

院子里黑黝黝的，天还没亮。

这些天来，他的睡眠就像昆虫的休息一样警醒而不踏实。他害怕听到自己的手机铃声，害怕听到有人告诉他，两边的人已经打起来了，死伤了多少多少……

楼下的桑丹已经起了，脚步声在寂静中若隐若现。每天凌晨五点，桑丹都会爬起来跑去对面半山腰的经堂念经学习。一年四季，天天如此。桑丹是巴西活佛的另一个徒弟，一个勤奋的喇嘛。

巴西活佛拉上窗户，他将自己魁梧的身体套进黄色衬衣。黄色衬衣，这是只有活佛才有权利穿的。他记得索南顿珠第一次将黄衬衣捧到他面前时，这位老喇嘛说："活佛啊——有人要你展开双臂从山上跳下去，你会说你不能飞。因为你知道自己不能飞，就像你知道自己躲不进牦牛角一样。但是，如果你睡着了，你便能飞，因为'梦'是你的缘。现在，人们跪下来请你摸顶赐福消灾，你会觉得紧张，因为你担心自己的道行低微,但如果你穿上了这件黄衬衣,你就不用再担心自己的修行不够了,因为‘活佛’是你的缘。”

顿珠老喇嘛是第七世巴西活佛的徒弟,是找到他并让他知道,自己其实是第七世巴西活佛的转世灵童、第八世巴西活佛的那个人。

他记得1994年那个冬天。冰凉的雨水淅淅沥沥地下了一上午,到下午时,雨变成了雪,雪落到地上又变成了水。黄昏时,顿珠老喇嘛和随从们的马匹就踩着路上的一汪汪雪水吧唧吧唧地来了。

他们到他家时,他还在睡觉。他本不该在家睡觉的,因为他当时已经在采日玛寺出家当了喇嘛,这时该在寺里念经才对。但他前几天肚子疼,寺里的喇嘛们为他念经下药都没有效,他便听了一个村民的偏方,骑马跑去若尔盖县的一个地方喝井水。果真,喝了三天井水后,肚子不疼了。这时候,他莫名其妙地想回家,便骑着马回了家。早上骑的马,下午才到,他累极了,便上床休息。

他是被舅舅从里屋刚睡暖和的床上拖起来的。

舅舅说:外面有几个郎木寺的喇嘛去采日玛寺找你,没找到,便又找到家里来了。

他揉着惺忪的双眼,感觉很奇怪,他觉得也许他们找错人了,郎木寺离这里有一百多公里,他并不认识那边的人。

他披裹好紫红色的袈裟,洗了洗脸,来到了外屋,第一次见到了顿珠老喇嘛。

他记得顿珠老喇嘛刚见到他时,激动得什么话都说不出来,只是一边抿着嘴角的笑,一边使劲儿地擦眼泪。缓了半天,顿珠老喇嘛才哽咽地说:“我们是从碌曲县郎木寺来的,我是第七世巴西活佛的徒弟,而你是第七世巴西活佛的转世灵童,是我们郎木寺的第八世巴西活佛。”

他感到心脏一阵紧缩,自己是转世灵童,是活佛?紧张的感觉持续着。一般而言,活佛,无论他的转世灵童选自贵族家,还是贫苦的牧民家,出生时都是奇特的。他脑海里这时才闪现出奶奶曾告诉过他的一段话,奶奶说,他出生在五月的一天,降生时,他的身体包着一层软软的透明的壳,像鸡蛋一样。那天,天边出现了彩虹,还下了点雪。在牧场上吃草的牛羊中午是从不回家的,但那天中午,他家的几百头牛羊全都自己回来了,还一直叫着。这是在他十二岁时,奶奶告诉他的。奶奶说,自己的弟弟,也就是他爸爸的舅舅曾是活佛,不过在 1959 年时圆寂了。“文化大革命”期间,家里人一直把活佛的袈裟藏在屋后的牛粪堆里。他刚出生时,奇异的现象也曾让家里想过他会不会是哪位活佛的转世灵童,但等到十二岁都没人来找,看来就不是了。

顿珠老喇嘛从包裹里拿出了七世巴西活佛的照片、袈裟、法器。他以为他们要他选。按照黄教的规矩,要取出前世活佛用过的遗物数件,放置在被选的灵童面前,看他能否拿取前世活佛用过之物。如果取对了,就证明的确是前世活佛的转生。

顿珠老喇嘛并没有让他选，只是告诉他，这些是他的前世活佛留下来的遗物。他捧着这些东西，倒也没有觉得特别亲切。他又看了看七世巴西活佛的照片，倒是觉得有些面熟。

他问顿珠老喇嘛是怎么找到他的。顿珠老喇嘛说，是按照七世巴西活佛圆寂前预示的征兆，经郎木寺有地位的寺主、大堪布等降神抽签算卦后找来的。本应该十几年前就找到他的，但因“文革”耽误了，所以，让他这个灵童自己在世间长了十多年。

他从未想过自己这样一个年轻喇嘛会和转世灵童联系在一起，但他知道，灵童一旦择定，便会被迎入寺院，在全封闭的佛教氛围中成长，从小学习显、密经典，在严格的佛教戒律下，在高僧的指导下习经修炼，直到学业合格圆满，到一定年龄开始主持教务。如果他是活佛，他现在的年龄应该要出来主持教务了，但他还未受过一天的灵童教育。从十二岁出家当小喇嘛开始，他就没觉得自己勤奋刻苦过。他是在1982年的冬天出家的。跟其他出家人不同的是，他的小喇嘛生涯并没有开始于寺庙。藏历九月二十二日，在一个吉祥的日子里，他被奶奶送去了一个亲戚家。亲戚过去是喇嘛，“文革”时被迫还了俗，便一直待在家里。后来，宗教政策放宽了，人们又可以出家了，但采日玛村还没有寺院，这位亲戚家就成了家庭寺院。人们把自家最乖巧聪明的小孩送来这里，住在这里，跟这位亲戚学习念经，亲戚也按照出家人的戒律要求他们。亲戚说，你们现在受的是三十六戒，等将来到了真正的寺院里就要受二百五十戒了。他从小就是调皮捣蛋的。只要亲戚外出办事,他就会去草原上降伏那些特别烈性的马,去那些大人不让去的河里游泳,去爬那些没人敢爬的高墙。他经常因为念经时打瞌睡,而被亲戚甩过来的用黑色轮胎条做成的鞭子打醒。亲戚说,你如此懒惰,等将来到了寺院里,打在身上的可就不是我的轮胎条,而是喇嘛手中的铁棒了。

他不想当活佛。在郎木寺那边,自己一个认识的人都没有,而且更重要的原因是他觉得自己不够资格。他觉得如果当了活佛,别人会对他敬而远之,他也不知该如何跟亲戚、朋友说话,原来一起学习一起玩的喇嘛,见了他,也只会恭恭敬敬地给他鞠躬。因为他见到活佛时,便是这样。是的,即便当活佛能给他自己和家庭带来莫大的荣耀,他也不想当。他的爷爷奶奶已经过世了。他有一个哥哥,四个弟弟和四个妹妹。母亲卓玛在生第十一个小孩时过世了,那年他十六岁。两年后,父亲丹珠也过世了,据说得的是一种很严重的胃病。

他对顿珠老喇嘛说,对不起,您吃点东西就回去吧,我不想当活佛,也没资格当活佛。

顿珠老喇嘛深切地望着他说,活佛啊,这活佛不是想当就能当,想不当就能不当的。你是活佛,这是你的前世注定的。在紫红色的袈裟里穿上黄色的衬衣,你就不是你自己了,你也不能再想你自己了,你要想的只有众生。不管你学佛修行是深是浅,你都已经成为了众多神佛在这片土地上的代表。

卦象如火

“活佛，早上吃点什么？”听到巴西活佛起床，徒弟益西问道。

“糌粑。”他说。

听到他说“糌粑”，益西很高兴。每次早上要吃糌粑，就意味着今天要出门。而只有他出门，益西才能开车。益西不仅是他的侍者，也是他的司机。他曾经有七八个徒弟，但他又把他们都送走了。他觉得这些被寺院挑选来伺候他的喇嘛，都是优秀的喇嘛。他不能为了让自己生活得更舒服，而耽误了这些年轻僧人的修行。他的房子也是郎木寺所有活佛的房子中最简朴的，从来不曾为这房子做过任何装修。他觉得，房子装修得越好，就要越多的人维护，房屋只要能睡觉，生活只要能维持就行了。他不能为了让自己享受，而让别人受苦。当了活佛就不能再想着自己了，他记得顿珠老喇嘛说的话。

在把装有青稞面、酥油、盐和其他一些作料的小木箱送进屋后，益西兴高采烈地冲到楼下开始擦洗车子。那是辆白色的丰田凯美瑞轿车，他几个做生意的朋友凑钱送的。他们说，活佛整天在外面帮助别人，老是找人包车不行，得有辆自己的车。尽管很多人都说这边的地形买越野车合适，但他还是买了轿车，因为车子是益西挑的，益西喜欢轿车。益西从九岁开始就跟着他，就像他儿子一样。他觉得自己欠益西的。桑丹能够每天去学习，而益西不能，益西得每天伺候他，跟着他东奔西走。所以，益西想要的东西，他总是能尽量满足。

吃糌粑前，他开始做早课。自从当了活佛之后，他便是一个人做早课，一个人念经。他怀念在采日玛寺当小喇嘛时，在经堂念经的场景。那时候，大家一起念经，一起辩经。藏传佛教的修行是有次第之分的，十一个等级，一个等级要学三年，一个内容也会辩经辩三年。每次寺里举行通宵辩经大会，他都会特别兴奋，他还记得自己那时最喜欢辩的话题是：在阿弥陀佛的净土世界，一片菩提树叶有多大？一片菩提叶上可以住下多少得到善果的菩萨？

他记得在月光下，天寒地冻的时候，他总是大汗淋漓。他的脑子总是越来越清晰，他把佛珠套进手臂，开始妙语连珠，让辩经的节奏越来越快，让观战的喇嘛越来越多，圈子越来越小。

今天早上，他手捧经卷，感到心口发烫。佛祖说经卷里藏着智慧和慈悲，可这件事，他已经调解了好几次，还是没有任何进展。黑头藏族群众的法律意识淡薄，他们不怕触犯律法，或是遭受什么样的处置，他们并不把那些印在纸上的规矩放在心里。活佛的话，即使不用书写也是至高无上的，比任何条条款款都有效力，因为他们怕得不到活佛的祝福。但这一次，他们似乎都不太听话。尽管他们见了他，依旧是跪下来，献上哈达，敬上茶，一边说着尊敬的话，一边用额头来触碰他的手，但他们对他的调解方案仍是不断地婉言谢绝。

昨晚，他曾为了这事打了一卦。卦象是火焰一样的花。这花预示着什么样的代价，他不得而知，但打卦时，他的眼皮一直猛烈地跳着。

腰间的藏刀

巴西活佛换上一双绣着绿边的黑色毡靴，这是和尚专门的靴子。益西不爱穿这种靴子，觉得笨重。益西喜欢旅游鞋。每次到大点的地方，益西都要买双旅游鞋，对喇嘛来说，紫红色的袈裟全是一样的，唯一能变换花样的，就只有鞋。益西知道，今天要去玛曲县城，自己又能去买鞋了。

吃过糌粑，巴西活佛站在二楼的楼梯上。远处，太阳的光辉已经洒到那片葱茏茂密的松林上，近处，清晨的白龙江雾气腾腾，江水在晨曦中闪闪发光。尽管它名字气派，但事实上，作为嘉陵江的源头，它只是一条不足两米宽的小溪。小溪的北边是甘肃，南边是四川，属于甘肃的“安多达仓郎木寺”和属于四川的“格尔登寺”在这里隔“江”相望。两座寺院在这里合称为郎木寺。“郎木”是藏语“虎穴仙女”的意思。

让巴西活佛眼皮直跳的事，也来自四川和甘肃。因为两万亩的草场纠纷，甘肃玛曲县尼玛镇的藏族人和四川若尔盖县麦溪乡的藏族人都扬言要让对方知道“自己的厉害”。

但凡需要调解的事，双方自然都有他们自己的理由。

甘肃这边的藏族人说：这两万亩地历来就是我们的，当时，我们这边地多人少，而你们那边人多地少，看在大家都是藏族人的份上，我们才借给你们放牧，而现在草场退化严重，牛羊也越来越多，我们的土地也不够，所以，就得把自己的土地要回来。

四川那边的藏族人说：我们的部落解放前就在这片土地上生儿育女、放牧牛羊了，怎么能几十年后，你们突然说想要我们就要给呢？把土地给了你们，我们又去哪里生活呢？

甘肃这边的说：能让你们在这土地上生活那么久是因为我们当时不需要，但现在我们需要了，你们不能不还。至于你们去哪里生活是你们自己的事。

四川这边的说：如果土司家的后代跑来说，这土地原来是他们家的，要把你们赶走，你们会走吗？

……

为了这两万亩的土地纠纷，他跑玛曲已经两趟了。

第一次，他提议四川、甘肃一边一万亩把这两万亩地分了，两边的人不同意。第二次，他提议三年四川放，三年甘肃放，两边的人也不同意。他问，那你们想怎么解决？四川这边的人说，如果你们甘肃非要这两万亩草场，就出五百万。甘肃这边的人说，我们最多出130万把自己的土地买回来。

通常，他出去调解矛盾，只要他的话一出口，人们紧张的脸都会立即松弛下来，但这次的情形不同了。即使有谁想听他的话，也都觉得自己无法代表本部落全体人的意见。双方人都觉得自己出的那个价钱是底线，如果再无法解决，就只能用自己腰间的藏刀来捍卫自己部落的利益和荣誉了。而巴西活佛也知道，政府部门调解不了才会来找他。如果他也调解失败，两边的部落的械斗就会在所难免。死伤是肯定的，有了死伤，这仇恨便是开了头。那将会是一场无休止的争斗，鲜血将染红这片绿油油的草场，纠纷会变成仇恨，无边无际的仇恨。

灵魂的五彩路

他很想问问顿珠老喇嘛，这种状况该怎么办，可顿珠老喇嘛 2001 年就圆寂了。

圆寂前，顿珠老喇嘛瘦极了，躺在床上，什么都吃不下。但是，只要他站到床边，老喇嘛被病痛折磨的脸上便会露出笑容。他问，顿珠喇嘛，你笑什么呀？顿珠老喇嘛说，活佛，我朝您笑，是为了您也朝我笑，只要见到您笑，我心里便什么都不害怕了。他对顿珠老喇嘛说，我也是。

顿珠老喇嘛是在太阳升起时圆寂的。那天，在寺院的大白塔前，僧人们用柏树枝生起了火。大家吹着忧伤的法号送顿珠老喇嘛上天葬台。天葬台在后山，从郎木寺是看不见的。那是半山腰一个地形平缓开阔的地带，几十平方米，散乱分布着石头、木板和木桩。夏天满山的绿草黄花，冬天遍野的灌木杂草。

小喇嘛们将从寺里带来的经幡、刻经石等祭物摆放在固定的位置，然后点燃篝火，升起"桑烟"。桑烟是为灵魂铺就的五彩路，空行母会踩着五彩路来到天葬台，享用完身体的献祭后，把亡者的灵魂带到天界。桑烟一起，秃鹫们便会从四面八方飞来，它们伸着翅膀，尖声地鸣叫着上升或下降，阳光把它们矫健的身影放大了投射到山坡上。天葬台附近的秃鹫，是人们心中的“神鸟”，这些秃鹫据说只吃人的尸体，不伤害其他小动物。只要天葬师把肉割下，它们便会从山头俯冲而下，帮助人们完成生命的轮回。巴西活佛带着喇嘛们在靠近经幡的地方席地而坐，开始为顿珠老喇嘛念经超度。按照藏传佛教的说法，天葬是一种“布施”，一种舍身的布施。念经时，巴西活佛通常都是紧闭着双眼，尽管他对天葬场面已经很熟悉了，但他还是不愿看，也不敢看那场面。即使是山坡上那些被丢弃的死者衣物、残留的遗骸、用过的刀斧等工具都能让他在心底泛起阵阵寒意。

篝火的青烟仍在袅袅。天葬台又寂静下来，仿佛什么也不曾发生过……下山时，巴西活佛抬头望了望天，秃鹫已经重新升空，在耀眼的阳光里盘旋。想着顿珠老喇嘛升天的灵魂，顿珠老喇嘛那段关于“因缘”的话又在他耳边响起。他在心里对顿珠老喇嘛说——不光“梦”是能让人飞的“因缘”，“死”也是能让人飞的“因缘”。

为众生活

白色的丰田轿车一路往南，奔驰在从兰州通往若尔盖的

312 国道上。远方是蔚蓝色的天空，几朵白云懒散地飘挂在上面。他想起了自己的第一次远行。那是爷爷奶奶带着他去西藏。他们在解放牌卡车的后面坐了半个月才到拉萨。那年的冬天特别冷，卡车上的人挤得满满的，连根针都插不进去。在拉萨，他们待了两个月，他喜欢拉萨。尽管在他当年的印象中，拉萨城有些冷清，甚至见不到一个喇嘛，可他还是被飘荡在街道上的某种气味吸引了。每天他都在用鼻子使劲地吸气，尽管直到现在他都不清楚当时闻到了什么，但记忆中那味道舒服极了。布达拉宫、大昭寺、小昭寺、哲蚌寺、甘丹寺、色拉寺……两个月里，爷爷奶奶带着他到处磕头。他问奶奶，我们为什么要不停地磕头？奶奶说，为了让佛祖保佑天底下的人都身体健康。他对奶奶说，他不想回家了，要留在西藏，要求佛祖保佑天底下的人身体健康。但最后，奶奶还是把他带走了，因为那年他才十岁。

现在的路越修越好了，益西娴熟地超车。他想起了自己被迎进郎木寺的情景。

前往郎木寺的道路是坑洼不平的土路。那是 1995 年的冬天，路面结了冰，车队一路上颠簸摇摆着缓慢前行。他坐的车是打头的，人们一见到那辆引擎盖上搭着黄色哈达的吉普车，便呼啦啦在铺满了白雪的路边跪下。车队开过，他们又爬起来，跟着车队送行。也有村民踮着脚，跟着车跑，只为在车窗外看他一眼，再小心地双手合十，向他行礼。每经过一个村庄，队伍就会扩大一点。有些村子的人一送就是十几公里。

他每次从车窗里探出头来，村民们都脱帽致礼并呈现出虔诚而灿烂的表情。

在悠远的海螺和庄严的法号声中，他到了郎木寺。小喇嘛们弓着腰把地毯滚到吉普车前，附近的村民代表奉上茶，献上黄色的哈达。他被迎进寺院，沐浴更衣，被指引着完成了盛大的坐床仪式。他端坐在嵌有金子的法座上，给排着队的僧人们、村民们摸顶。过去，其他活佛给他摸顶时，他感觉幸福极了，他跟其他所有人一样相信，只要被活佛的手祝福过，自己的一生便是吉祥而没有灾难的。但轮到他当活佛了，他却发现自己心里无比紧张。比他学问好的高僧跪在他面前，生了病的人跪在他面前，做了错事的人跪在他面前。他们都祈求能得到他的祝福和帮助，而他担心自己能耐不够。

《量释论》、《现观庄严论》、《入中论》、《戒律本论》、《俱舍论》，先修显宗的五大部，然后又修密宗四大部的瑜伽密法，他开始争分夺秒地刻苦学习各种活佛必须掌握的经典。屋顶上的雪化了又下，下了又化，院子里的草绿了又黄，黄了又绿。日子就这样一天天过去。八年中，他没有踏出过寺门半步。有了好的学问，才能当一个受僧俗尊敬的活佛。天晴时，他望着天上的星星这样想；天气不好的夜里，他睡在床上，听着白龙江里哗哗的流水这样想。尽管天天学习，但他仍认为这是当活佛之后，最快乐的时光。学习是充实的，是无忧无虑的，是不用操心的。

活佛不能为自己活，要为众生活。2002 年春天，他第一次离开寺院，去了附近的格尔登村为村民们摸顶祝福。他记得那场面，他的马队一进村，村民们便欢呼起来。他的马膘肥体壮，步伐矫健。他对欢呼的村民挥动手中挂着红缨的鞭子，村民们便在马队扬起的尘土里跪伏下去。他连忙抬手示意他们起来，村民们才又一起从地上站起来，再次扬起好大一片尘土。欢呼声在村庄里回荡。

那年的夏天，他带着益西和桑丹回到了阔别已久的老家采日玛。有的活佛，有钱人请才去，穷人请就推托了，而那些穷地方的人也不好意思请活佛。他的家乡很穷，人们很少见到活佛，于是，他一家挨着一家地给家乡的百姓念《平安经》。作为第八世巴西活佛，他发现，对众生充满无限的慈爱，对自己充满无限的责任是一种非常好的感觉。

我会等你还俗

车刚驶进玛曲县境内，他便让益西把车靠边停下。他爬上旁边插满经幡的山坡。每次路过这里，他都要爬到这里来俯瞰远方。这里是一个观景台，有最好的角度欣赏“天下黄河第一湾”。山坡上的风很大，风在空中打着呼哨。他步履轻捷，身上的紫红袈裟发出旗帜招展一样的噼啪声。一些穿着五颜六色冲锋衣的年轻人正摆弄着三脚架拍摄远处的黄河。这些外面的年轻人很快对他产生了兴趣，纷纷跑过来跟他合影。

他爱和外面的年轻人交往。2004 年,他就受朋友麦子的邀请,去了杭州。麦子在杭州青年旅行社工作,前一年麦子来郎木寺旅游时,他们认识的。他当时一点汉语都不会说,但麦子很耐心地手忙脚乱地比划着和他聊天,还让他给起藏族名字。于是,他给麦子起了个“琼琼卓嘎”。在杭州,他和麦子的朋友们一起吃饭,朋友们都高兴坏了,喝了好多酒,以至于他在给他们念《平安经》时,有的居然打着哈欠睡着了。

后来,他又去了四川成都,广西北海,都是朋友们请他去的。2005 年时,一个兰州老板在北京三里屯的加拿大使馆对面开了家藏式餐厅,请他来给餐厅起个藏语名字。他便去了北京,给这餐厅起名叫做——“格桑梅朵”。他认识的朋友越来越多。有一次,一个老板请他去给公司的职员摸顶,有个女职员问他:“活佛,听说日本的和尚能结婚,那你能结婚吗?”

“我不能结婚。”

“一辈子都不能结吗?”

“一辈子都不能结!”

城里姑娘的问话让她想起达珍。达珍在玛曲县城开了家小卖部。小卖部离他平时去玛曲时住的旅馆不远。

有一次,他去玛曲为寺里定做转经筒,事情办完,准备回去时,他托达珍帮自己买车票,他给达珍钱。达珍说,先不用给钱,等买完票,明天你来再说。

第二天,达珍把车票递给他时,伸出的手突然又缩了回去。

“那么多和尚都还俗了，你也还俗吧，你还了俗，我们就是一家人。”达珍对他说。

突然冒出的一句话把他说蒙了。一开始，他觉得这是对出家人的冒犯，但再一想，似乎又不是。回采日玛寺的车票攥在达珍手里，而他则被某种突如其来的力量定在这小卖部里。他不知道自己是该笑着谢绝姑娘的“美意”，把车票要过来呢？还是一声不吭地转身离开，自己再去车站重新买呢？

他刚想对达珍说些什么，却迎上了她的目光。那样深情的目光，对他来说，是从未有过的。它们像闪烁的光锥子一样刺着他的心房。

“我不会还俗的。”他低着头，挤出一句话。

“你要是不想还俗，那我们就是朋友。不过，我会等你还俗。我一辈子都不会结婚，我会等你还俗。”说完，达珍把车票递给了他，紧接着，达珍的泪水就流下来了。

五年后，他再一次遇到了达珍。那是在拉萨的大昭寺前。

她对他说的第一句话是“我对不起你”。

他问：“为什么？”

她回答说：“我没有等你，我嫁到西藏来了。”

听了这话，他心里很是高兴。

他说：“这是好事，祝福你啊！”

后来，她让他等等，便飞身跑进了旁边的八廓街，不一会儿，她手里捧着一套新袈裟回来了。

她说："这套袈裟送你，你好好地当和尚哈。"

他接过袈裟，一时间，又像当初那样不知道该说什么，只是一个劲儿地说："谢谢，谢谢。"

诵经的味道

中午时分，丰田车驶过黄河第一桥，便进了玛曲县城。益西直接把车开进了吉祥饭店。每次来玛曲县城办事，他们都住这家饭店。饭店老板甚至为他预备了专门的茶杯和碗筷。他还没进房间，手机就响了。他并不喜欢手机，但没有又不行，否则那些需要他帮忙的人会找不到他，那些他认识的外地朋友会找不到他。

电话是玛曲县县委书记打来的。书记说，要请他吃午饭。他婉言谢绝了。无论去什么地方调解，他都坚持不让双方当事人的任何一方招待自己，即使是帮别人的忙，他也觉得自己要公道地帮。吃住自己掏钱，才能让自己说出的话公正。

在餐厅吃午饭时，他见到了另一个活佛。一个还了俗的活佛。他觉得有些尴尬，那位还俗的活佛也觉得不好意思。还俗活佛低着头，几口吃完碗里的面片，便匆匆地离开了。

有时，他也想，如果自己不是活佛，而只是一个普通喇嘛，自己会还俗吗？他觉得应该是不会的。从小奶奶就说他是家里的出家人，什么活都不让他做，所以，他既不会放牛羊，也不会做家务，所以，就算是还了俗，也做不了什么。

和他一起在采日玛寺出家的喇嘛很多都还俗了。他们见到他总是低着头，不好意思地走开。出家时，每个人都满怀欣喜地向师父磕头，而还俗时，没人好意思向师父打招呼。那些决定还俗的喇嘛，会把自己的袈裟脱下来叠整齐，用黄腰带捆好，恭敬地放在床头，然后悄悄地离开。按他们的话讲，叫做"出家不成功"。他并不会瞧不起那些还俗的人。他觉得，如果佛不在心中，出了家也没用，如果佛在心中，即使还俗了，也是好的。

他曾经认识一个年轻人。这个年轻人徒步去过两次拉萨。第一次是去朝圣磕头，第二次，也是去朝圣磕头，但包袱里装上了父亲的骨灰。这是父亲的遗愿。这位年轻人后来在拉萨出了家，但几年前他又还俗回到了玛曲。他并不知道年轻人为什么要还俗，那一次，年轻人只是跪下来，含着眼泪背了段经文，问巴西活佛还有没有出家人诵经的味道。他说有，并从怀里掏出自己的黄色木头佛珠，在手心里搓了几下，朝佛珠吹了口气，用佛珠轻轻拍打着年轻人的头和肩，为他念了一回《平安经》。

第三次调解会定在下午三点。吃过午饭，他有几个小时的休息时间。他回房间打开电视，按了一圈遥控器，没发现打篮球的频道，便又关了。除了骑马、游泳，篮球也是他的爱好。他一米九二，像所有大高个一样，他喜欢打篮球。在采日玛寺当小喇嘛时，他常和寺里的喇嘛一起打篮球，他们把紫红色的袈裟搭在简陋的篮球架上，在采日玛小学坑洼不平的泥土操场上兴高采烈地奔跑。烈日下，尘土飞扬。很多年没再摸过篮球了。自从被认定为第八世巴西活佛之后，他便被告知自己已不再适合参加打篮球这样的娱乐活动，即使他坚持要打，也没人敢跟他抢球的。他想睡个午觉，却发现怎么也睡不着。人们把所有调解的希望都寄托在他身上，这给了他很大压力。

格萨尔的子孙

玛曲县城边上的一个小院子里，一个穿着红色棉衣的小姑娘正在踢毽子。院子朝西的一间不大的屋子里挤满了人，他们是来自两个部落的代表。他们是黑头藏族群众，是格萨尔的子孙。他们天天念经转经，天天在菩萨面前磕头上香。毕竟是两万亩草场，他们没有哪一方愿意放弃对这片草场利益的争夺，没有哪一方敢轻言让步，因为这关系到自己部落子子孙孙放牧的问题。他们已经做好了武力解决的准备。屋子里没有激烈的争论，也没有窃窃私语，但他能嗅到那一触即发的火药味。这气氛让他感到不安，让他精疲力竭。过去他调解的都是个人的恩怨，现在是两个部落的人，人多了，人的心也就多了。他能感到自己的额头正在沁出汗水。

他离开座位，站了起来，走向窗户。他从他们身边走过，他知道两边的人都等待他说话，但他没有看他们。他背着手站在窗子旁边，看房屋主人的小孩在院子里踢毽子，念珠在他身后一粒粒数着。

再见。活佛

“小晏，你是念经的嗓子，院子的我给你找一个，喇嘛的你来当一下。”——第八世巴西活佛

我在这里，你怕什么？

短信声响起的那个上午，我正躺在沙发上看书。身上暖洋洋的，太阳晒得很舒服。我没有立即查短信，能发短信说的事应该都不急。又过了会儿，电话响了，摄影师小邸打来的。

“短信收到没？”

“收到了，还没看，咋了？”

“巴西活佛没了。”

“什么？”

“昨晚在兰州，活佛过马路时被车撞了，没了。”

一年前的冬天，甘肃郎木寺。

我们吃糌粑，喝酥油茶，聊天，住在巴西活佛的院子里。活佛那时三十九岁，身高体阔，神似金刚。他用浑厚的嗓音为来访者念《平安经》，用不流利的汉语满足我的各种好奇。他逐字教我念“嗡玛舍则嗡支那那嗡呗”，说这是我的护法神、大威德金刚的咒语，以后外出采访，如遇危险，可以念念。后来，小邸给他在冰封的黄河上拍照，我在旁边念这咒。他说，我在这里，你怕什么？我说，怕活佛你个头太大，把冰踩裂了，大家掉下去。他前仰后合地笑，拉着我的手说：“小晏，你是念经的嗓子，院子的我给你找一个，喇嘛的你来当一下。”

喇嘛不方便当了，巴西活佛没了。没得很突然。

如此的忧伤

北京到兰州，兰州到合作，合作到郎木寺。千里赴葬礼的路熟悉而陌生。颠簸的长途车上，我颤抖地翻开第三十九期《生活》，在《活佛的一天》这篇自己一年前的旧作里重温我的朋友。

巴西活佛，十二岁出家，二十六岁时被认定为甘肃郎木寺的第八世巴西活佛。他有一个哥哥，四个弟弟和四个妹妹。他的母亲卓玛在他十六岁时，生第十一个小孩时离开了人世。他的父亲丹珠在他十八岁时，因为一种严重的胃病也过世了。他没娶过妻，没有儿女。他的院子在郎木寺是最简朴的，从未做过任何装修。他觉得房屋只要能睡觉就行了，装修得越好，维护的人就越多，不能为了让自己享受，而让别人辛苦。他曾经有七八个徒弟，但他都陆续把他们送走了。被寺院挑选来伺候活佛的喇嘛，都是优秀的喇嘛。他觉得，不能为了自己的舒服，而耽误了别人的修行。只有二十岁的益西跟着他，益西从八岁就跟他，跟了十二年，是他聪明能干的管家。益西想要什么，他都会买。他给益西买了几十双旅游鞋。对喇嘛来说，紫红色的袈裟全是一样，唯一能变换花样的，就只有鞋。他为益西为照顾他没好好念经而感到愧疚。

一路上，我翻着那本红色封面的过期杂志，回忆着巴西活佛的点点滴滴。车窗外，赶集的人们热闹喧嚣，而我心里空荡荡的，充满了忧伤，如此的忧伤。

三世因果

“按我们佛教的说法，就是打个招呼也是前世的缘分。谢谢你们能来郎木寺。”嘉格仓活佛跟我们寒暄，嘴角挂着微笑。

郎木寺的六个活佛中，嘉格仓活佛跟巴西活佛最要好。作为治丧委员会的负责人，他神情轻松。刚开始，我并不适应这种缺乏凝重感的气氛，但很快，我发现微笑能让悲伤变得轻盈。

“巴西是我从兰州接回来的。那天晚上很奇怪，平时我睡觉前都关手机，就那天没关。”嘉格仓活佛平静地说。我们坐在郎木寺大酒店位于顶楼的茶馆里，喝着八宝茶。益西坐在我对面，脸上保持着同样的平静和微笑。这个眉清目秀的年轻喇嘛照顾了巴西活佛十二年，他们相依为命，情同父子，似乎从不曾分开过。而现在，活佛走了，他没人可以照顾，也没人可以依靠。我不知道他把忧伤掩藏在哪里。他只是面带微笑地喝着茶，陪着我们听嘉格仓活佛讲话。

“半夜接到益西的电话，我们就往兰州赶。到兰州时，我告诉他们，让他们不要难为司机，司机肯定不是故意的。在太平间，我给巴西念了经，我让他安静，不要着急，让他的魂跟着我们回郎木寺，不要待在兰州。回郎木寺的路上，我把巴西那件带血的袈裟烧了，在靠近格尔登寺的路边烧的，风吹走了一些烧掉的袈裟，没吹走的我就把它们都埋了。出家人本来是不应该哭的，但不知道为什么，我那时还是忍不住哭了一下。

“我们佛教相信，任何事都不会无缘无故地发生。三世因果。农历四月一日的时候，巴西跟我说，他要回趟老家采日玛，他说他算出有个地方埋了东西，‘那东西’导致了他的家乡一直发展不起来，所以，他要把它挖出来。三日的时候，他找到了那个地方，叫村民开始挖，挖着挖着，挖出了一个头骨。村民们有些害怕，问巴西活佛什么原因。巴西说，什么原因，他现在还不知道，不过，应该还要再挖深一点。村民们又继续挖，然后发现了两具完整的骷髅。见到尸骨，巴西就明白了真是有人要害采日玛。老教派里有这么种做法，想害谁，就在谁的地盘上做法事，埋尸体。可什么人对他的家乡有这么大仇呢？他找村里的老人问，有老人告诉他，三几年的时候，采日玛的部落跟旁边阿坝州的一个部落曾发生过争斗，五八年的时候，那个部落的人曾在这里做过法事。巴西决定把尸骨挖出来，大家劝他别挖，因为谁挖厄运就会转到谁身上，但他还是挖了，而且是亲自动手挖的。尸骨挖出的当天，采日玛打雷闪电，还下起了冰雹。回郎木寺后，巴西把他拍的照片给我看，我跟他说，这不太吉利，你要小心一点。他说自己也觉得不太舒服，心慌得很，接着，不到一个星期就出了这事，所以，我们特别怀疑就是这个事情弄的。”

“真有这种事情？”我问嘉格仓活佛，并不掩饰自己的怀疑，“嘉格仓活佛，我深信‘佛陀是觉悟的人’，所以一直觉得你们当活佛的也是人，是人难免会出意外，而且，巴西活佛出事时，我也没什么特别的感受。您说，我该怎么来理解这件事呢？”

“的确，这种事不好说清楚，信徒很容易理解，一般人无法理解。那法事是几十年前做的，埋尸体的人大概也已经不在了，我们也没法调查，所以对一般人也不讲这些。”

后来，我又陆续听到不少人告诉我，来兰州前，巴西跟很多人说过自己心慌，感觉不好，到兰州后，他把认识的朋友都一一约着见了面……还有人事后说，巴西来兰州的头一天晚上，自己做了好多噩梦，似乎预示着什么……

“宗教上的种种说法都像是催眠，接受其催眠，便是真，不接受，便是假。”这是后来回北京后，作家阿城告诉我的。从情感上，我希望自己相信巴西活佛“为众生舍报”，但在理智上，我仍然有些怀疑。

一切都是无常

穿过笼罩着郎木寺的细雨，我们去给巴西活佛磕头。

院门外，几个藏族小伙站着，他们微笑着接过伞，说着感谢的话。院内的草地上搭了座白色的帐篷，帐篷上绣着蓝色的花和吉祥的图案。一个长相酷似巴西活佛的大汉从帐篷里走出来，他一只手紧握着我的手，另一只手使劲地拍着自己的胸口说:“我是巴西活佛的弟弟,谢谢,谢谢你们来,好多话在心里,说不出来。”

灵堂在二楼。没有巴西的遗像,除了某位上师的照片和一桌的酥油灯,别无装饰。灵堂里忙碌的喇嘛用黄布包着脸,浓重的藏香在房间里弥漫。

我跪在地上磕头。有那么一阵,心里似乎很平静。我只是想,巴西活佛就这么没了?生就这样变成了死?死就这样拥有了生?想着想着,突然间,我听到了自己的哽噎声。我清楚自己是如何被悲伤击中的。这地方太熟悉了,回忆伴随着缭绕的香轻易地飘进了脑海。一年前,我们就坐在前面的床上说笑,而现在,我跪在这里,巴西活佛躺在那里,躺在他平时睡觉的地方,躺在我们曾经喝茶聊天的地方,一动不动。

我看不见巴西活佛的脸,从头到脚,他被黄布裹着。我没有想到他会以这样的方式把我带回这里。我听到自己的哽咽声越来越响。控制不了的眼泪,坠落如尘。

“不用太难过,一切都是无常。”嘉格仓活佛用手轻拍着我的背说。

跪拜过灵堂,下到楼下的屋子。里面挤满了人,炕桌上堆着油炸麻花、奶渣做的点心、酥油、糌粑、奶茶,过节一样。只是主人不再出来。

这是一年前我和小邸睡觉的屋子,我们那时都以为,以后再来,还会住在这里。

无形的悲伤在屋子里穿行无碍，所有人都感受到它的存在，但很少有人表达出来。

大家在聊益西。有人说，巴西活佛出事后，郎木寺管理委员会开了会，按照规矩，出家人的一切都是寺里的，巴西活佛的院子和那辆凯美瑞轿车都要归寺里。寺管会让益西发毒誓，上交巴西活佛的所有财产，不留一分钱。大家觉得益西可怜，正商量着给益西凑点钱。

“请问你是小晏吗？”一位女士在我身旁坐下，轻声问道。

“我是，您是？”我看见她眼圈红红的。

“我是活佛的朋友桑楠，你之前写活佛的杂志我看过。活佛出事时跟我在一起，我想，如果你打算再写篇纪念活佛的文章，也许咱们可以聊聊……”

最后的微笑

录音笔上的红灯在郎木寺大酒店 303 房内亮了整晚。桑楠坐在我对面，这位三十五岁的数学老师向我讲述了 2010 年 5 月 31 日，活佛出事这天的前前后后。

“那天是星期五，五月的最后一天。雨从清晨就开始下。下午时，巴西活佛给我打电话，说晚上一起吃饭。下了班，我就去约的地方接他，益西和才让跟他在一起。我打开我那漂亮的大花伞，高高地为活佛撑着。益西和才让跟在后面。益西想吃肯德基，我就带他们去吃肯德基。一路上，活佛反复问我去不去玛曲，去不去郎木寺。我说去，一定去，放假就去。他问我去了玩多长时间，我说十天，他说：一个月，一个月。我们走得很慢，说了好多话。

“比起平常，那天晚上肯德基的人不算多，我们实在应该在肯德基店里多坐一会儿的，哪怕一分钟、几秒钟，哪怕再胡说些什么……可是，我们还是在那一刻起身离开了……”

桑楠看看窗外漆黑的夜，叹叹气跌坐在扶手椅里，继续说：

“九点钟的时候，我们走到那个有斑马线的路口，我真没发现这路口在这一刻有什么不祥，益西在五六米远的前方为我拦了辆红色的出租车，我听到活佛在后面说，‘伞，给她’。我扭头向巴西活佛笑了笑，他也对我笑了笑，露出整齐洁白的牙齿，我哪里会知道，这是巴西活佛留在这世间最后的微笑……我也没想到，他随后的一转身，就是一辈子……

“就在我抬手要碰到车门拉手的一瞬间，我听到身后‘嘭’的一声沉闷的巨响，我下意识地一扭头，刚好看到巴西活佛腾空飞起，离地面有一米多高，然后在六七米外的地方，重重落下……我的大脑很短暂地空白了一下，马上意识到：是车撞到了巴西活佛！才让跑过来，抱起活佛的上身。他眼睛闭着，已经昏迷了，身旁的水洼里被血染成了红色，两只皮鞋落在旁边，左手腕上的表盘碎得很厉害……

“我好像一直在尖叫，但又好像没有叫出声来。我浑身颤抖着拿出电话，要拨 120。三个数字，我拨了好几次才拨出去。七分钟后，急救车到了，医生们在原地开始救护，止血、输液。我站在车边发抖，急救车司机提醒我：打 122 报案。接着，我们跟着救护车来到青海省人民医院。在急救室，医生们给巴西活佛吸氧、导尿、止血、CT、透视……我握着活佛扎着针头的左手，先前的温暖已经不见，变得很凉。时间一秒一秒过去，朋友们陆续赶到……拍的片子显示第七、八根肋骨骨折，左小腿骨折，最严重的是颅脑严重损伤，大量出血。深夜 2 点 30 分，第二次 CT，医生说颅内出血没有再继续加重，这消息让我们觉得有了希望，但到了 4 点 19 分，血压和脉搏突然降低……

“抢救无效后，护士们迅速地撤掉仪器，开始清扫。看着活佛那仿佛睡着的样子，我心里难过极了，我蹲在地上哭，起身时，白布已经盖住了活佛的脸。我们推着活佛去太平间。一路上，益西一直弯着腰，好像小声对巴西仓说着什么。5 点 30 分，嘉格仓活佛从郎木寺赶到。嘉格仓活佛下车第一句话是，不要为难肇事司机，他肯定不是故意的。嘉格仓活佛和大家用一匹二十米长的明黄色棉布把巴西活佛从头到脚地裹好。嘉格仓活佛劝大家最好不要哭，因为眼泪会变成巴西活佛转世和轮回路上的冰雹。但是，巴西活佛的弟兄们还是低着头，眼泪不停地流，才让在过道里哽咽着弄出很大的响声，益西独自低坐在安全通道里，抱着头……我始终没看到益西流眼泪，只看见他长长的睫毛凝成一簇一簇的……等到交警做完最后的确认，11 点 30 分，他们就雇了辆金杯的面包车把巴西活佛拉回郎木寺了。”

桑楠走后，我躺在床上，心底阵阵发凉。生命如此脆弱，我们总以为死亡在遥远彼岸，转脸才发现，无常就在身边。巴西活佛，这个我曾经引以为傲的采访对象，他为初生的孩子起名，为得病的大人摸顶，为过世的老人超度，为纠纷的人们调解，为困惑的人们开示……我不知道他是多少人的现世指望，也不知道他是多少人的来世寄托，我只知道，此刻，他只能安静地躺在他那已被寺院卖掉的家里，等着明天我们的送行。藏族人相信轮回，相信活佛做任何事都有其道理。他有他的任务。而我，一个从小被灌输了唯物主义世界观的汉人，很多事情好理解，却难以接受。

天葬

天还未亮，细雨飘洒在车灯射出的黄光里。一辆白色的丰田越野车，摘了车牌，停在巴西活佛的院子外，车头系着黄纱。裹着黄布的巴西活佛被喇嘛们从二楼缓缓接下，几番周折，放进了白色丰田里。泥泞安静的街旁站满了人，人们一只手拿香，另一只手挡在香上。又是一个雨天。

浓雾笼罩着凌晨，白色丰田出发了，路两边的车接二连三地发动。车队沿着盘山路，追随着前车的尾灯，驶向天葬台。

车开不到顶。喇嘛们在嘉格仓活佛带领下，将桑枝气喘吁吁地抱上山，然后面带微笑地坐在山坡上开始念经。悲伤不是僧人该有的情绪，转世的信仰化解了现世的悲伤。生与死，如同眼前这升起的桑烟一样，超越痛苦和悲伤。巴西活佛也曾无数次在这里席地而坐，为亡者念经超度。他个子大，胆子小。念经时，他总紧闭双眼，不敢看那场面。

象征着天葬的秃鹫从四面八方飞来，伸着翅膀，鸣叫着。它们准确地落在巴西活佛的身旁，不需要盘旋和徘徊，它们熟悉这里。巴西活佛的肉身在一割一丢一抢一吃中，完成了今生今世的轮回。

“突突突”的声音在山坡下响起，拖拉机拖来了另一个即将天葬的人。不少秃鹫离开了巴西，飞了下去。对它们来说，肉多才重要，是谁的并无分别。

牧民们弓在起满了露珠的山坡上。他们的脸是棕色的，宽大的手上缠绕着牦牛骨的佛珠。他们并不交头接耳，只是各自念念有词，注视着巴西活佛天葬的方向。

“再不能请巴西活佛给我们摸顶了。”身旁一个年轻人轻声对我说。

“摸顶很幸福吗？”我问他。

“还有比这更幸福的吗？他是太阳，有他，总是暖洋洋的，现在太阳没了，身上冷得很。”

桑烟散尽。天葬台寂静下来，仿佛什么也不曾发生过……下山时，我抬头望了望天，吃光了巴西活佛的秃鹫已开始升空盘旋。

后记

每当朋友们问我这篇文章写什么，我就得从“去年写了个活佛，今年他出了车祸没了”说起。每次，我都说得面无表情，每次，我都说得隐隐作痛。大多数时间里，我写不出几个字。一写，心里就难受。各种素材尽管不请自来，但我还是木讷地嗑着瓜子，长时间地坐在电脑前发呆。思绪总是滑向那些绛红色的记忆。善良、英武，爱说“喔呀”的巴西活佛，怎么就没了呢？我不断用“无常”这样的专业词汇来开导自己，但每次开导完，手一放上键盘，心里又开始茫然。桑楠前不久打来电话，说益西还俗了，有人在兰州见到他，开着一辆白色的宝马。

《西藏生死书》里说，人死后的七七四十九天内，灵魂都在中阴界，这个阶段，亡灵知道我们的所思所想。在那些孤独的夜里，我希望巴西活佛能助我下笔如有神。但，他没帮我，因为我三个月后才动笔。我不知道第八世巴西活佛的转世灵童在哪里，也不知道灵童长大后会不会认得我。我只希望此类文章永不再写，只希望巴西活佛——乘愿再来。

出家记

一场短暂而伟大的休憩,我在柬埔寨崩必列

城的北门

隐隐约约，阳光从窗帘后飘进来。“Earth Walkers”青年旅社顶层的六人间里又只剩下我一个人。到柬埔寨暹粒的第四天，我还是没拍到那张照片。

“每个人都应该拍一张的”，头天晚上在酒吧街，一位偶遇的北京驴友这样对我说。她掏出数码相机向我展示了她所拍的吴哥日出。是的，我总是错过吴哥窟的日出，错过那日出时分神秘而壮美的三塔和它们在水中的倒影，因为我起不来。

阳光越来越强，房间越来越亮。我躺在床上琢磨着要不要爬起来继续完成那些“大圈、小圈”的攻略。过去三天里，我骑着租来的自行车，一路神清气爽地奔波于吴哥窟的大小景点，穿行于各个遗址寺院。借着吴哥的魅力和我初来乍到的兴奋，旅行书上推荐的大多数“重要景点”被我走马观花地踏过。所谓旅行，无外乎去亲自见证那些无需旅行便已见过的东西，然后，触景生情。吴哥丛林是如此之大，三天的自行车骑下来，我浑身上下，处处酸疼。

我决定暂停实施景点攻略，以懒散悠闲为原则在街头混一天。洗漱妥当，我穿着人字拖踢踢踏踏走出旅店，开始漫无目的地闲晃。

暹粒住了四天，我并未在意过这座城市。跟其他冲着吴哥窟来的游客一样，我也只是把这里视为一个可供食宿的营地，从未试图去了解它。事实上，在二十世纪六十年代，这里曾是东南亚的中心，但随着“红色高棉”的出现，这座盛极一时的名利场开始消失在人们的视线里，直到三十年后，它重新成为世界炙手可热的旅游目的地和柬埔寨发展最迅猛的城市，因为这座城市旁边的丛林里掩藏着世界建筑奇迹吴哥窟。

我沿着繁茂的林荫大道溜达，像个百无聊赖的被放逐者，既没人搭理，也不用搭理谁。周围很喧闹，但并不妨碍身边的暹粒河静静地流淌。我在路边一家叫做“Mei”的咖啡馆坐下来，要了杯芒果奶昔，开始看那本讲“红色高棉”的英文书。

就在此时，有什么闪进我的视野，像是受到某种力量的引导，我抬起头，往街对面望去。熙熙攘攘的人群中，一个裹着橙黄色袈裟的僧侣正信步走过，如同传说中悉达多王子从城的东门、南门和西门看到了“老”、“病”、“死”之苦后，在城的北门看到的那个告诉了王子解脱之道的出家人。恍惚间，我仿佛觉得自己此刻也正站在城的北门。苍茫世间，既有恶魔，也有佛陀，我心里升起一种莫名的冲动，突然间，我不想去再继续那既定的攻略和僵化的旅程，我要丢掉自己游客的身份，跨出那城门，当一个和尚。一想到这，我周身便泛起一种宁静的激情。

一周的和尚

“现在太忙，下午两点来找我，我们谈一谈。”当我经人指点，来到暹粒最大的坦拿克寺（Wat Damnak）请求出家时，监院宋宁给了我一个“面试”的机会。

回到旅馆，我迫不及待地打好背包，退了房，匆匆赶回寺院。时间还早，我心情忐忑地坐在椰子树下等待。

谈什么呢？尽管在日常生活中，我经常引用《心经》和《金刚经》里的语句，也采写过一些僧侣和同修，对佛教徒之间交流的语言方式还算熟悉，但宋宁是柬埔寨师父，我们交流讲英文，而我的英文水平用来谈论佛法和修行，似乎还有难度。

“不管那么多了，随缘吧，穿不成袈裟，说明因缘还不具足。”我安慰自己说。没了担心，心里的忐忑立刻平静了许多。

面前金黄色的楼是新盖的，四周挂满了五色的佛旗，随风起舞。身后是一片塔林，有新有旧，各式各样。东南亚寺院里的塔林不仅可以安置僧人骨灰，也可以安置那些佛教徒的骨灰。塔的下方有铁门，整个家族的骨灰都可以放在一起。

寺院很安静，两个小孩围着塔林一圈圈地骑着自行车，每次骑到我面前时，都瞄我一眼。一条丑丑的黑狗朝我跑来。尾巴既不摇，也没有夹起来，咬还是讨好？我心里嘀咕。黑狗自顾自地翘起后腿，对着身旁椰子树的树干撒了泡尿……它只是过来“方便”的，它甚至没有看我一眼，便心满意足地跑开了。我发现自己想多了。

对我来说，出家并不需要想太多，也不需要太大的勇气。我只打算当一周的和尚，用另一种视角来认识佛教，一周后，我便能转身回去。我甚至不必告诉父母,尽管他们也不见得会大惊小怪。从小我就是一个让家人吃惊的孩子,常有一些诡秘的愿望。东南亚国家,短期出家是人们的日常生活,没人在乎你出家时间的长短,也没人会指责你的意志不坚定。在他们看来,出家是为了修行,修行是为了明白人生的道理,道理明白了,自然要回到社会工作。所以,当地人出家、还俗、再出家、再还俗都很正常,全无压力。

我准时敲开宋宁办公室的门,他正坐在电脑前上网。

"为什么想出家?"宋宁开门见山地问我,目光炯炯有神。

"我在中国一家杂志社当记者,对佛法感兴趣,读过一些佛教书,写过一些和尚,所以想亲自体验一下出家人的生活。"

"为什么不在中国出家呢?"

"在中国当和尚要家里人同意,要公安局、宗教局同意,要开一堆证明,而且,一出家就要出一辈子,如果还俗,周围人会认为你是个失败的和尚,看不起你!"

"很高兴你来坦拿克寺出家,之前曾有一个日本人也在我们这里出家,但他不会说英文,我们也听不懂日语,没办法交流,所以,他当了一天和尚就走了,你想当多久?"

"一个星期。"

"你希望从什么时候开始?"

"现在!"

"今天不行了,明天吧!一会儿带你去买袈裟和化缘的钵,明早六点,你来我办公室,我的助手会帮你把头发剃一下。

一会儿,你再去找一下春春,他是我们寺院的住持。对了,你知道尼古拉斯吗?他是中国的电影明星,也来过我们这里。"

"尼古拉斯?中国明星?"我一脸困惑。

"是的,网上有视频。"宋宁开始在Google里敲下自己的名字和尼古拉斯。视频里在闪过香港TVBS电视台的片头后,出现了裹着橙色袈裟的宋宁和一个穿着白色T恤的长发年轻人。

"哦,他中文名叫谢霆锋。"我说。

"他很有名吗?"宋宁问。

"是的,他的前妻也很有名。"

我喜欢和宋宁聊天。他办公室的墙上挂满了他笑眯了眼的照片,有跟亲朋好友的合影,也有在美国念MBA时的毕业照,他戴着那种方帽子,橙黄色的袈裟从黑色的硕士服后露了出来。

他滔滔不绝地用英文告诉我他的家乡离暹粒有十五公里,他1997年来到坦拿克寺,2004年去美国上了两年学,今年计划在坦拿克寺内建起暹粒第一所佛学院和一家专门给僧人看病的医院。

"知道吗,晏,是美国让我开阔了眼界,我在那边很受欢迎,因为我是学校的第一个和尚,人们都爱跟我聊天。我想,你也会受欢迎的,你是第一个中国人,而且你会讲英语,他们都爱学英语。"

我在湖边见到了春春。他身材魁梧,表情严肃,眉头似乎永远皱着，眼神也很犀利。他把宋宁问过的又问了一遍，我把答过宋宁的又答了一遍。然后，他检查了我的护照和签证。

“你还有什么问题?”在递还护照时，春春问。

“我的相机、手机、钱包什么的用交出来吗?”

“不用，你可以拍照，打电话，出去买吃的喝的，你想干什么都行，但不要抽烟，不要喝酒，不要在中午之后吃东西。”

春春的回答让我心生纠结。一方面，我希望寺院允许我拍照，让我记录下这段自己一生中特殊而珍贵的经历;但另一方面，我希望自己短暂的出家生活能过得纯粹，希望寺院能收走我那些世俗之物，让自己那颗并不坚定的心彻底放下，全无干扰地体悟修行，一了百了。

按南传佛教的习俗，僧舍是独立寮房，一人一间，屋内有卫生间，可以每天洗澡。我的房间在春春的隔壁，一张床、一个床头柜、一个书架、绿色的地砖，一张画有禁止吸烟的纸贴在门后。

生命的另一扇门

剃刀经过我的头发，经过我的眉毛，发出脆脆的声音。天色正在变亮，屋外的公鸡开始此起彼伏地打鸣。我光着上身，蹲在宋宁办公室的洗手间里，他的侍者耐心地一点一点为我刮，并不时从旁边的红桶里舀水为我冲洗。

“出家比丘不蓄毛发，见处、所见处毛发皆不得留”，《披剃经》里是这样说的。这是佛陀当年所制的戒，南传上座部佛教悉皆奉行。

我站起身，镜子里出现了一个陌生的自己。我有点不适应，没有头发，没有眉毛，光不溜秋的脑袋看上去像个做了很久化疗的人。

我被带到寺院的大殿。大殿的窗户被一扇扇打开，阳光射进来。一尊释迦牟尼像是大殿里唯一的供奉。我被宋宁的侍者移交给了春春的侍者，那是一个瘦高的和尚。他把我昨晚买的袈裟从塑料袋里取出，放在一个托盘里，然后盖上一个精美的盖子，新买的钵也放在旁边。他在佛像前点上了三炷香，又到佛像后插了个插头，佛像头上霓虹灯做的背光立刻亮了起来，一圈一圈，闪个不停。

春春来了，在他的指导下，我先向佛陀拜了三拜，然后开始念经。经文是用巴利语念的，他念一句，我跟一句。这是一种古印度的方言，在印度本土早已消失，因为记录了“三藏圣典”，得以在信奉南传佛教的国家保留至今。

经文很长，在春春的要求下，我一会儿站着念，一会儿蹲着念，一会儿跪着念。如果发音实在不像，他便会重说一遍，让我纠正。

我不明白自己所念经文的意思，但我相信那些陌生的语言里隐藏着某种深奥的智慧，而这些智慧即将为我开启生命的另一扇门。

我和春春面对面地蹲着。最后一遍经，他让我把袈裟用胳膊夹在怀里，然后表情严肃地紧握住我的双手，仍然是他一句，我一句。经念完，瘦高的侍者走过来，示意我脱掉牛仔裤和T恤。脱掉衣裤后，他用一块红布帮我围住下身，又指了指里面，我明白他的意思，内裤也要除去。内裤脱掉的刹那，我心里突然涌起一股小小的喜悦，仿佛一条蛇蜕去了旧皮，重获了轻盈的生命。最后，他熟练而利落地帮我穿上了佛前供过的袈裟。

"你现在已经是个和尚了，"春春笑着对我说，"虽然只有一周，但你不要去想时间的长短，只需想自己是个和尚就对了。你虽然是中国人，但你现在是柬埔寨和尚。好了，跟他们去玩吧，他们会教你你想学的。"

不吃晚饭，会想晚饭

"我是和尚了，还是一个柬埔寨和尚。"我心里暗自高兴。那是一种全新的生命体验，我有点陶醉在脱离凡尘的喜悦中。

该从什么学起呢？自然是穿袈裟。南传佛教袈裟的穿法也许是所有袈裟里最为复杂和难学的：先要将自己套进那块长长的橙黄色布里，然后用手捏着布的边缘在自己的胸前搓裹，裹到一定程度，再换手，把袈裟举过头顶，把自己缩进袈裟里，从里面上下翻飞地继续搓裹，直到把自己裹紧，再伸出头，将搓裹后形成的布条背到自己的身后。这种穿法叫 Kelong，是外出时穿的。还有一种叫 Gelong，穿法相对简单，是在寺院里穿的，偏袒右肩，跟佛陀在世时穿着的方式一模一样。

袈裟是格鲁鲁教我穿的。格鲁鲁是个七岁的小和尚，永远带着腼腆的笑容。格鲁鲁会讲的英语跟我会讲的高棉语差不多，我们之间还没法聊天。后来，每次我见到格鲁鲁，我就叫他一声“格鲁鲁”，他则微笑着重复一遍“格鲁鲁”。

在坦拿克寺里，大家都直呼其名。出家前叫什么，出家后还叫什么，没有法名，也没有“住持”、“方丈”、“师父”、“师兄”之类的称呼。即使是寺院的住持，大家也都是叫他春春，春春。

我成为了僧侣中的一员。我们围坐在大殿外的台阶上，不停地分享着竹筒饭、饼干、蛋糕……有和尚拿来收音机，抽出天线为大家播放来自泰柬边境冲突的最新消息，也有和尚在一旁用贴着粉红桃心的手机，为自己播放迈克尔·杰克逊的《危险女孩》。

“让我告诉你一些当和尚的规矩好吗？”身边一个叫不宁的和尚问我。不宁来自“茶胶”，那是一个南部的贫穷的农业省，曾是柬埔寨文明的摇篮，有几处建于公元五世纪的遗迹。在中国的编年史里，他的家乡叫“水真腊”。

“是的，我愿意学一些规矩。”

“不能跑，不能骑自行车，不能骑摩托车，不能吸烟，不能喝酒，不能碰女孩，不能吃晚饭，对于你这种新和尚，不吃晚饭恐怕最难，也最重要。”

“为什么不能吃晚饭？”

“春春说，从前有个和尚脸很黑，有一天他在傍晚雷雨交加时入城乞食，一个孕妇以为他是鬼，吓坏了，吓得堕了胎，于是，佛陀就定了‘过午不食’的制度。当然，对我们这种长得不像鬼的和尚来说，吃了晚饭，就会有能量，有了能量，就会想姑娘。”他眨了眨眼告诉我。

“可是，不吃晚饭，也可以想姑娘啊？！”

“不，不吃晚饭，会想晚饭！”他很严肃地说。

快乐是一种修行

为欢迎我这个中国记者成为柬埔寨和尚，宋宁决定带大家去郊游，然后在外面吃午饭。

皮卡车的里里外外都挤满了和尚。我屁股下是个红色的便携式冷藏箱，里面装满了冰块和可乐。外出活动让大家很兴奋。他们一路念着路边酒店的名字，像是初来乍到的观光客。过了市区，车开始加速，白色的皮卡车在郊区绿树掩映的道路上狂奔起来。他们从胸前的兜里取出墨镜来戴上。我的 Kelong 总被风吹开，为了不让我这出家人的白胳膊被外人看到，旁边的和尚总是不厌其烦地帮我把袈裟重新裹好。

阵阵热浪，夹杂着烤玉米的香味，扑面而来。

路边，椰树间的吊床里，有人在美美地睡觉，吊床下趴着的黄狗吐着舌头，牛卧在一旁。十家有八家都是如此。阳光将眼前的一切都晒得懒洋洋的。这时，我胸前的手机震了一下，是朋友发来的短信——“北京下雪了！”

目的地是一个湖边。不是周末，游客很少。我们租了个棚子，里面有很多吊床，一些和尚躺在吊床里聊天，另一些则迫不及待地脱掉袈裟，跳进湖里，玩起水来。宋宁掏出自己的手机，抽出天线，面色严肃地收听广播，柬泰边境的战争让他担心。

“都是佛教国家，为什么还要打来打去？”我问宋宁。

“人民都一样，但政府不一样。”宋宁说，“泰国像条大狗，我们像条小狗，大狗想要抢小狗的东西，总会找些理由，而小狗只能寻求国际援助。”

午餐是在旁边的烧烤摊上现烤的。有烤鱼、烤鸡、沙拉和米饭。南传佛教可以吃荤，就像汉传佛教可以吃晚饭一样，彼此无法理解。

“在中国，和尚是不能吃肉的。”我对宋宁说。

“我知道，但佛陀当年并没有做这样的规定，佛陀规定的是不吃晚饭。我们南传上座部佛教又被叫做原始佛教，我们认为佛陀当年规定的戒律现在要继续坚持，而佛陀没有规定的不要随便乱加。对于吃肉的问题，作为出家人，最重要的是不执著，不执著于味道，也不执著于荤素，既不因为它好吃而多吃，也不因为它难吃而不吃。端上来的食物嚼一嚼，咽下去便是，只是一道普通的菜。”

宋宁的解释让我心里豁然开朗，我啃着鸡腿迎着风，喝着可乐聊着天。

烧烤摊的男孩端了一盆水过来，给我们洗手。洗完手后，我双手合十向他表示感谢。

“你不用向他们做表示谢谢的动作，你是和尚。”身旁一位戴眼镜的僧人对我说，他的名字又长又绕口，我始终记不住。

“不是众生平等吗？为什么不能向他们表示感谢？”

“哦……我们柬埔寨和尚是这么规定的。”他说。

吃过午饭，僧人们又脱了袈裟跳进湖里，把轮胎救生圈扔来扔去。

“宋宁，能教我一些修行的方法吗？我只有一周的出家时间，所以很着急，很想多学点当和尚的知识。”我来到蹲在湖边的宋宁身旁，蹲下来问他。

“你想学什么？”

“打坐吧，你知道，在中国，僧人们都很看重这个，我想知道作为一个柬埔寨和尚，应该如何打坐？”

“这很简单，减缓呼吸，舌尖稍稍露出上下齿间，尝试凝视某个遥远的目标，抛却一切心识之相，让自己陷入某种深沉的冥想。”

我开始练习打坐。当然，这并不简单，我似乎很难让自己“陷入某种深沉的冥想”，湖里传来的嬉笑声总是在干扰我。“为什么宋宁不让大家面湖打坐，而让他们在里面玩儿呢？”我心里想。

我睁开眼，站起来，走到宋宁身边问他："这么好的地方，为什么不让大家在湖边打坐呢？"

"要打坐在寺院就好了，为什么要跑这么远来这里？"宋宁微笑着问我，"对我们柬埔寨和尚来说，快乐是一种重要的修行，你看他们在湖里游泳，玩得多开心，而你一个人在边上愁眉苦脸地打坐，你为什么不加入他们呢？"

"晏，你看，你就是这枚石子。"宋宁随手捡起一枚石子，并把它扔到湖里，"你能找到沉向水底的最快捷的路线，只要你不想太多的话。"

南郭和尚

第一抹天光还没投进房间，我便起身了。

今天的学习科目是"托钵乞食"，按宋宁所讲的英文翻译过来，叫"收集食物"。对南传佛教来说，"托钵乞食"是一项极其重要的修行功课。《法集经》里说，"如来乞食有三意，即：（一）不贪珍味，美恶均等；（二）为破我慢，于富贵贫贱等家皆无拣择；（三）慈悲平等，大作利益。"《阿含经》里则记载了乞食的规矩，"入城行乞时，道侧而行，左手持钵，次第乞食；以维持生命为限，心不贪着，故得食时不喜，不得亦不忧，唯以除旧疾，养气力为要"。

据说，悉达多王子成佛后第一次回家乡便上街托钵乞食，他父亲净饭王知道后很生气，质问他为什么要去要饭让自己丢脸。佛陀说,这是佛陀国的传统。

这个传统在中国佛教界已被废除多年。曾有人提出,中国佛教托钵乞食制度的废除是佛法走向倾颓的开始,因为佛经里说,“故乞食属僧人清净之正命;若自作种种生计以养其身,则为邪命。”

我在黑暗中穿过草地,凭着直觉来到托钵乞食前的集合地点。一个小个子僧人已经到了,我们在黑暗中聊天。他问我能不能教他讲些中文,我说,OK 啊。他回到房间取来本子和笔,借着手机屏幕的光,认真地学习起“你好”、“早上好”、“晚上好”来。

六点钟,托钵的队伍准时出发。五人一组,他们把我夹在中间。

走过寺院围墙外的一小段水泥路后,路开始变得难走起来。凹凸不平的碎石子让脚越来越疼,而我的人字拖留在了寺院门口。出发前,他们告诉我,托钵乞食时,僧人要打赤脚。

我咬着牙坚持。一路上都是垃圾和鸡屎,但并没有玻璃、钉子之类的东西。对于一个穿惯了登山鞋的人来说,这的确是一种考验。我忍着脚上的疼痛保持队形。我们穿过街巷,袈裟簌簌作响。

我们走进一个院子,院子里没有人,几块长条的地毯铺在门口。我们站在地毯上一字排开。一条不懂事的小狗跑了过来,朝我们扯着脖子狂吠,直到一位妇人端着一盆米饭出来,才摇着尾巴离开。妇人把自己的拖鞋脱到一旁,赤脚来到我们面前，先将热腾腾的米饭用勺依次盛进我们的钵里，然后又将装在塑料袋中的炸肉片和小盒酸奶挂在我们手上。接下来，她双手合十，低下头等待着什么。大家开始念经。我傻了，不会念。我张着嘴跟着嘟囔，像个滥竽充数的南郭和尚。

出来托钵却念不出经，还腆着脸接受别人的食物。我的脸越来越烫，索性闭上眼，免得跟别人眼神相遇时自己尴尬。好在在接下来的乞食中，我发现施主们并不看我。南传佛教规定，在接受布施时，不可交目，也不可交谈。简单的感谢也会让彼此产生“亲近感”，而这被视为“执著心”的起源。谢天谢地，他们只是恭敬地站在我们面前，双手合十，身体深深向前倾着。等经念完后，说三次“sadu……sadu……sadu（巴利语‘很好’之意）”。

回到寺院，春春问我第一次托钵的感觉如何。我告诉他：一、没学会念经，感觉很羞愧；二、没习惯打赤脚，感觉很疼。

“经很短，背背就会了。脚嘛，它疼它的，你走你的。”春春说。

通向未来世界

塔林边有个无家可归的中年男子。他整天呆坐着，面无表情地望着前方，只是偶尔自言自语地咕噜一些无人明白的话，给人一种患了孤独症的感觉。不宁说，这个人来这里一个多月了，脑子似乎有些问题。不知道为什么，我经常在这个流浪汉附近练习"走路"。提起脚跟，将脚向前伸出，脚尖先落地，然后是脚掌、脚跟，再提起脚跟，再伸出……一步一步，感受双脚的移动，体会内心的变化，观察被欲望牵绊的自己，发现深藏于内心中的执著。

太阳很毒，每天吃过午饭，橙黄色的袈裟们会很快在寺院里消失得无影无踪。我并不清楚他们回到自己房间里做什么。我只是自顾自地在午后沉沉睡去。

有一天，敲门声把我从午睡中惊醒，是不宁。他问我要不要跟他一起去上课。我说好啊。我跟着他来到旁边的一栋陈旧的楼房。三楼的教室里是一屋的橙黄色袈裟。原来他们下午都在这里，格鲁鲁也在。上的是高棉语的语法课，相当于我们的语文课。一张世界地图贴在黑板旁的墙上。那是我所见过的最为奇妙的课堂。大家都在聚精会神地听讲，然而，听累了的人可以自己站起来伸懒腰或是趴到窗口看看外面的风景，不用跟老师打招呼。

上完整节高棉语的语法课对我来说没有意义，我只是个体验式的和尚。为了不辜负课堂的自由性，听了一阵后，我离开了教室。当然，受了十几年尊师重道的教育，离开前，我还是向老师打了个招呼。我来到图书馆外的藤椅上看书，前面的草坪上，孩子们正在搞手工课，在一个用竹条编成的奇怪东西上糊上白纸，再用黑色的墨笔在上面画图案。一个年轻人过来，坐到我旁边，拿出一张英文报纸，大声地念起来，念了一阵后便离开了。学英语是柬埔寨年轻人酷爱的活动，在他们眼里,这是他们通向未来世界的道路。

每天都会有和尚来敲门,他们说,能跟你讲讲英文吗?我说,好啊。然后,我们开始七嘴八舌地瞎聊天。在众多僧人中,索克对中国最感兴趣。他曾在泰国学习过四年,他说自己在泰国时特别喜欢跟中国姑娘在网上聊天,所以,他会说中文的"你好"和"我爱你"。他说,如果自己在街上碰到喜欢的中国姑娘,就会为她还俗。索克的父母离婚了,在他去泰国学习的时候。母亲说,你父亲在外面有了其他女人就走了。索克再没见过自己的父亲,也不知道他在哪里。

索克喜欢中国文化。有一次,他神情严肃地问我知不知道"工兵、早早、杜被",见我一头雾水,他又补充说,"毛泽东之前的,三个国家的故事。"我突然反应过来,他说的是《三国》。索克说自己特别喜欢看《三国》的电视剧,在泰国时看过两遍翻译成泰文的,回到柬埔寨又看了两遍翻译成高棉语的。

每天晚上,寺院会在十点锁大门,而我的四周会传来震耳欲聋的歌舞音乐,对于电视节目,寺院并没有相关的戒律,因为佛陀时代还没有电视。我比较害怕夜幕降临。我想到草坪上走走,怕踩死蚂蚁,我想待在屋里,又怕被蚊子围攻。我害怕因为自己无意识的报复而触犯杀戒。我不知道蚊子会不会传播登革热或是疟疾,我经常在抬起手想要消灭它们,保护自己时,把手悬停在空中,毕竟自己现在还是个和尚。

一如从前

我经常吹着电扇，发好几个小时的呆。

坦拿克寺的出家生活闲散而自由。你既可以勤奋学习，也可以躺在“Made in Thailand”的彩色凉席上无所事事。没有欲望，没有勉强，充满了平和与随意，没有任何人管你。

时间过得很快，刚学会如何把袈裟穿得不易散开，便已接近僧侣生活的终点。我不再刻意打坐，意识深处的各种束缚像浮云一样被释放。时间太短，我不可能渐悟，也不指望自己能顿悟。我只想好好享受出家人单纯的快乐。

任何体验如果没有达到极致并终归寂灭，悲哀和烦恼都会重新回归。回想起来，我的出家生活似乎只是一场短暂而伟大的休憩。没有勇猛精进的学习，没有获得太多的知识，没有变得更为明智，没有进入更高的境界，人生观也并未就此改变。脱掉袈裟，一如从前。

感谢

谈锡永，释宗舜、林向松、杨锦麟、陈坤

感谢上师和师兄们的鼓励与推荐

感谢

摄影师卢恒、高远、阿戟、李冰、邸晋军

每篇文章都有跟你们的回忆

感谢

《生活月刊》创意总监令狐磊

每篇文章都有你的支持

感谢张帆、张一帆的无私帮助

感谢父母和姐姐的宽容与爱

感谢书中每位法师的开示

感谢本书编辑高山的细心和耐心

感谢有缘的读者

礼中合十

二〇一三年十二月二十四日　北京

图书在版编目(CIP)数据

大地清凉 / 晏礼中著. —北京:法律出版社,2013.5(2014.5重印)
ISBN 978-7-5118-4914-4

Ⅰ.①大… Ⅱ.①晏… Ⅲ.①人生哲学—通俗读物
Ⅳ.①B821-49

中国版本图书馆CIP数据核字(2013)第095374号

大地清凉	晏礼中 著	责任编辑 高 山 韩满春 装帧设计 乔智炜

开本 A5
版本 2014年1月第1版
出版 法律出版社
总发行 中国法律图书有限公司
印刷 固安华明印业有限公司
印张 6.625 **字数** 117千
印次 2014年5月第2次印刷
编辑统筹 学术·对外出版分社
经销 新华书店
责任印制 陶 松

法律出版社/北京市丰台区莲花池西里7号(100073)
电子邮件/info@lawpress.com.cn
网址/www.lawpress.com.cn
销售热线/010-63939792/9779
咨询电话/010-63939796

中国法律图书有限公司/北京市丰台区莲花池西里7号(100073)
全国各地中法图分、子公司电话:
第一法律书店/010-63939781/9782
重庆公司/023-65382816/2908
北京分公司/010-62534456
西安分公司/029-85388843
上海公司/021-62071010/1636
深圳公司/0755-83072995

书号:ISBN 978-7-5118-4914-4 **定价**:32.00元
(如有缺页或倒装,中国法律图书有限公司负责退换)